应用型本科高校"十四五"规划智能制造类精品教材

智能制造技术概论

（第二版）

主　编　范君艳　樊江玲
主　审　王　坚

U0171746

华中科技大学出版社
中国·武汉

内 容 简 介

　　智能制造技术是用计算机模拟、分析，以收集、存储、完善、共享、继承、发展制造业智能信息的先进制造技术。

　　本书概括总结了智能制造的内涵与特征、国内外发展现状与体系架构，系统地介绍了智能制造常用的工业软件、工业电子技术、工业制造技术和新一代信息技术，以期帮助读者初步了解智能制造相关理念和关键技术，进一步普及推广智能制造相关基础知识，培养智能制造应用型人才。

　　本书可作为高等院校相关专业教师、研究生、高年级本科生的智能制造类课程的教材，也适合对智能制造技术有兴趣的广大读者阅读，还可作为智能制造相关工作人员的业务参考书。

图书在版编目(CIP)数据

智能制造技术概论/范君艳,樊江玲主编.—2版.—武汉:华中科技大学出版社,2022.7(2024.1重印)
ISBN 978-7-5680-8522-9

Ⅰ.①智…　Ⅱ.①范…　②樊…　Ⅲ.①智能制造系统-高等学校-教材　Ⅳ.①TH166

中国版本图书馆 CIP 数据核字(2022)第 122473 号

智能制造技术概论(第二版)
Zhineng Zhizao Jishu Gailun (Di-er Ban)

范君艳　　樊江玲　主编

策划编辑：张少奇
责任编辑：罗　雪
封面设计：原色设计
责任监印：周治超
出版发行：华中科技大学出版社(中国·武汉)　　电话：(027)81321913
　　　　　武汉市东湖新技术开发区华工科技园　　邮编：430223
录　　排：武汉市洪山区佳年华文印部
印　　刷：武汉开心印印刷有限公司
开　　本：787mm×1092mm　1/16
印　　张：12.25
字　　数：295 千字
版　　次：2024 年 1 月第 2 版第 3 次印刷
定　　价：39.80 元

第二版前言

本书出版 3 年来，已发行 12000 余册。本次修订在总结 3 年使用经验的基础上，参照同类教材，汲取了使用本书院校提出的建设性意见，在内容编排和体系构成上做了一定的调整。在第 5 章"人工智能 2.0"一节，增加了"与人工智能有关的几个问题"；在"工业大数据"一节，增加了"工业大数据与互联网大数据"和"工业大数据的价值"；在"移动互联网"一节，增加了"移动互联网新技术"。同时，在每章后面增加了思考题，对部分知识点还增加了课件讲解（扫描相关二维码获取）。

本次修订工作由上海师范大学天华学院相关教师联合完成，修订人员包括范君艳、樊江玲、吕博、周丽婕、陈姗、徐如斌、时书剑、陈佳雯、程志青等。在修订过程中，编者参考借鉴了许多优秀的著作、教程、课件和网络视频，在此向所有的作者表示衷心的感谢。还要感谢同济大学王坚教授、上海理工大学陈道炯教授、上海师范大学林军教授、上海师范大学天华学院吴国兴教授，他们不仅为本书修订提出了宝贵的修订意见，还在百忙之中审阅、校核了修订文本，使本书得以进一步充实完善。

智能制造技术仍处于发展阶段，许多新理论、新技术还在不断地涌现，编者也在不断地学习。修订过程中，由于编者水平有限，疏漏之处在所难免，恳请广大专家、使用本书的师生及同仁多提宝贵意见，以求不断完善本书的内容。

编　者
2022 年 6 月

第一版前言

制造业是国民经济的支柱。智能制造是互联网时代的一场再工业化革命,是制造业发展的未来方向,也是推动我国经济发展的关键动力。制造业由传统制造向智能制造的转化和发展,以及智能制造关键技术的不断涌现和应用,使制造业中从事设计、生产、管理和服务的应用型人才面临新的挑战,同时也对培养应用型人才的高等教育提出了新的要求。面对"中国制造2025"的不断推进,要培养适合智能制造的应用型人才,以支撑制造产业的转型发展,应用型高校也应与时俱进,在教学过程中普及推广智能制造的相关知识,使学生对智能制造及其内涵、智能制造的关键技术有一定的了解,之后可以再根据兴趣和需求对智能制造进行更深入的学习。

《智能制造技术概论》一书就是在这样的需求下应运而生的。本书对智能制造的内涵特征、发展现状、体系构架进行了归纳总结,从智能制造工业软件、工业电子技术、工业制造技术和新一代信息技术这四个方面较为系统地介绍了智能制造的关键技术及其应用。本书内容覆盖较为全面,除工业软件外,工业电子技术、工业制造技术和新一代信息技术都是构建智能工厂、实现智能制造的基础。工业电子技术集成了传感、计算和通信三大技术,解决了智能制造中的"感知、大脑和神经系统"问题。工业制造技术是实现制造业快速、高效、高质量生产的关键,包括众多的先进制造技术,如数控加工技术、工业机器人技术、人机工程技术和增材制造技术等。新一代信息技术包括工业大数据、云计算、工业云等,主要解决制造过程中离散式分布的智能装备间的数据传输、挖掘、存储和安全等问题,是智能制造的基础与支撑。应用型机械类专业人才在掌握传统学科、专业知识与技术的同时,还必须熟练掌握及应用几种智能制造关键技术,以适应未来智能制造岗位的需求。

本书由多位高校教师联合编撰,编写人员包括范君艳、樊江玲、吕博、周丽婕、朱姗、吴明翔、徐如斌、时书剑、陈佳雯等。在编撰过程中,编者参考了许多优秀的专著和教材,在此向本书所借鉴、参考的所有文献的作者们表示衷心的感谢。书中部分图片来源于网络,在此也向图片的原创者表示感谢。还要感谢同济大学王坚教授、上海理工大学陈道炯教授、上海师范大学林军教授、上海师范大学天华学院吴国兴教授在百忙之中审阅、校核了本书,并提出许多宝贵意见,使本书得以充实完善。

智能制造技术目前仍处于发展阶段,许多新理论、新技术还在源源不断地涌现,编者也在不断学习之中。书中难免存在疏漏及不妥之处,恳请广大专家和读者不吝指正。

编　者

2018 年 6 月

目　　录

第1章 智能制造概述

1.1 智能制造的概念及意义

教学课件

1.1.1 智能制造的基本概念

智能制造(intelligent manufacturing，IM)的概念是 1988 年由美国的 P. K. Wright 和 D. A. Bourne 在 *Manufacturing Intelligence* 一书中首次提出的。

对于智能制造的定义，各国有不同的表述，但其内涵和核心理念大致相同。我国工业和信息化部推动的"2015 年智能制造试点示范专项行动"中，智能制造的定义为：基于新一代信息技术，贯穿设计、生产、管理与服务等制造活动各个环节，具有信息深度自感知、智慧优化自决策、精准控制自执行等功能的先进制造过程、系统和模式的总称。智能制造具有以智能工厂为载体、以关键制造环节智能化为核心、以端到端数据流为基础、以网络互联为支撑等特征，可有效满足产品的动态需求，缩短产品研制周期，降低运营成本，提高生产效率，提升产品质量，降低资源消耗。

智能制造是一种集自动化、智能化和信息化于一体的制造模式，是信息技术特别是互联网技术与制造业的深度融合、创新集成，目前主要集中在智能设计(智能制造系统)、智能生产(智能制造技术)、智能管理、智能制造服务这四个关键环节，如图 1-1 所示，同时还包括一些衍生出来的智能制造产品。

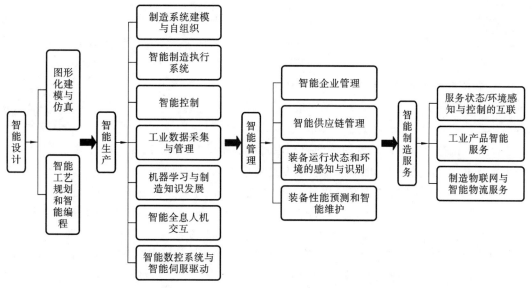

图 1-1 制造过程的智能化关键环节示意图

1. 智能设计

智能设计是指应用智能化的设计手段及先进的数据交互信息化系统(CAX、网络化协同设计、设计知识库等)来模拟人类的思维活动,从而使计算机能够更多、更好地承担设计过程中的各种复杂任务,不断地根据市场需求设计多种方案,从而获得最优的设计成果和效益。

2. 智能生产

智能生产是指将智能化的软硬件技术、控制系统及信息化系统(分布式控制系统 DCS、分布式数控系统 DNC、柔性制造系统 FMS、制造执行系统 MES 等)应用到整个生产过程中,从而形成高度灵活、个性化、网络化的产业链。它也是智能制造的核心。

3. 智能管理

智能管理是指在个人智能结构与组织(企业)智能结构基础上实施的管理,既体现了以人为本,也体现了以物为支撑基础。它通过应用人工智能专家系统、知识工程、模式识别、人工神经网络等方法和技术,设计和实现产品的生产周期管理、安全、可追踪与节能等智能化要求。智能管理主要体现在与移动应用、云计算和电子商务的结合方面,是现代管理科学技术发展的新动向。

4. 智能制造服务

智能制造服务是指服务企业、制造企业、终端用户在智能制造环境下围绕产品生产和服务提供进行的活动。智能制造服务强调知识性、系统性和集成性,强调以人为本的精神,能够为用户提供主动、在线、全球化的服务。通过工业互联网,可以感知产品的状态,从而进行预防性维修维护,及时帮助用户更换备品备件;通过了解产品运行的状态,可帮助用户寻找商业机会;通过采集产品运营的大数据,可以辅助企业做出市场营销的决策。

1.1.2 智能制造的意义

20 世纪以来,大规模的生产模式在全球制造领域中曾长期占据统治地位,促进了全球经济的飞速发展。在过去的 30 多年中,随着经济浪潮一次又一次的冲击,作为经济发展支柱的制造业也迎来了一次次生产方式的变革。

1. 智能制造是传统制造业转型发展的必然趋势

在经济全球化的推动下,发达国家最初是将制造企业的核心技术、核心部门留在本土,将其他非核心部分、劳动密集型产业向低劳动力和原材料成本的发展中国家和地区转移。由于发展中国家具有相对较低的劳动力和原材料成本,因此发达国家能够集中资源专注于对高新技术和产品的研发,也推动了传统制造业向先进制造业的转变。

但是,劳动力和原材料成本的逐年上涨,对传统制造业发展构成的压力在逐渐增大。此外,人们越来越意识到传统制造业对自然环境、生态环境的损害。受到资源短缺、环境压力大、产能过剩等的影响,传统制造业不能满足时代要求,也纷纷向先进制造业转型升级。

随着世界经济和生产技术的迅猛发展,产品更新换代频繁,产品的生命周期大幅缩短,产品用户多样化、个性化、灵活化的消费需求也逐渐呈现出来。市场需求的不确定性越来越明显,竞争日趋激烈,这要求制造企业不但要具有对产品更新换代快速响应的能力,还要能够满足用户个性化、定制化的需求,同时具备生产成本低、效率高、交货快的优势,而之前大规模的自动化生产方式已不能满足这种时代进步的需求。

因此,全球兴起了新一轮的工业革命。生产方式上,制造过程呈现出数字化、网络化、智能化等特征;分工方式上,呈现出制造业服务化、专业化、一体化等特征;商业模式上,将从以制造企业为中心转向以产品用户为中心,体验和个性成为制造业竞争力的重要体现和利润的重要来源。

新的制造业模式利用先进制造技术与迅速发展的互联网、物联网等信息技术,计算机技术和通信技术的深度融合来助推新一轮的工业革命,从而催生了智能制造。智能制造已成为世界制造业发展的客观趋势,许多工业发达国家正在大力推广和应用。

2. 智能制造是实现我国制造业高端化的重要路径

虽然我国已经具备了成为世界制造大国的条件,但是制造业"大而不强",面临着来自发达国家加速重振制造业与其他发展中国家以更低生产成本承接劳动密集型产业的"双重挤压"。就我国目前的国情而言,传统制造业总体上处于转型升级的过渡阶段,相当多的企业在很长时间内的主要模式仍然是劳动密集型,在产业分工中仍处于中低端环节,产业附加值低,产业结构不合理,技术密集型产业和生产性服务业都较弱。

在国际社会智能发展的大趋势下,国际化、工业化、信息化、市场化、智能化已成为我国制造业不可阻挡的发展方向。制造技术是任何高新技术的实现技术,只有通过制造业升级才能将潜在的生产力转化为现实生产力。在这样的背景下,我国必须加快推进信息技术与制造技术的深度融合,大力推进智能制造技术研发及其产业化水平,以应对传统低成本优势削弱所面临的挑战。此外,随着智能制造的发展,还可以应用更节能环保的先进装备和智能优化技术,从根本上解决我国生产制造过程中的节能减排问题。

因此,发展智能制造既符合我国制造业发展的内在要求,也是重塑我国制造业新优势,实现转型升级的必然选择,应该提升到国家发展目标的高度。

1.2 智能制造国内外发展现状

1.2.1 欧洲智能制造发展现状

1. 德国工业4.0

德国政府在2010年推出的《德国2020高技术战略》中提出了十大未来项目,其中最重要的一项就是工业4.0。汉诺威工业博览会之后,2013年4月,德国"工业4.0"工作组发表了《保障德国制造业的未来:关于实施"工业4.0"战略的建议》报告,正式将工业4.0推升为国家战略,旨在支持工业领域新一代革命性技术的研发与创新,德国政府为此投入达2亿欧元。

德国将制造业领域技术的发展进程用工业革命的4个阶段来表示,工业4.0就是第四次工业革命。

工业1.0——机械制造时代。18世纪60年代至19世纪中期,水力和蒸汽机实现的工厂机械化代替了人类的手工劳动,经济社会从以农业、手工业为基础转型成为由工业及机械制造带动经济发展的模式。

工业2.0——电气化与自动化时代。19世纪后半叶至20世纪初,采用电力驱动产品和大规模的分工合作模式开启了制造业的第二次革命。零部件生产与产品装配的成功分离,开创了产品批量生产的新模式。

工业3.0——电子信息化时代。工业3.0始于20世纪70年代并延续至今,在升级工业2.0的基础上,广泛应用电子与信息技术,使制造过程自动化控制程度进一步大幅度提高,机器能够逐步替代人类作业。

工业4.0——实体物理世界与虚拟网络世界融合的时代。德国学术界和产业界认为,未来10年,基于信息物理系统(cyber-physical system,CPS)的智能化,将使人类步入以智能制造为主导的第四次工业革命。产品全生命周期、全制造流程的数字化以及基于信息通信技术的模块集成,将形成高度灵活的个性化、数字化的产品与服务的生产模式。

"工业4.0"战略的核心就是通过CPS实现人、设备与产品的实时连通、相互识别和有效交流,从而构建一个高度灵活的个性化、数字化的智能制造模式。人、事、物都在一个"智能化、网络化的世界"里,物联网和互联网(服务互联网技术)将渗透所有的关键领域。

在这种模式下,生产由集中向分散转变,产业链分工将重组,传统的行业界限将消失。将现有的工业相关技术、销售与产品体验综合起来,使产品生产由之前的趋同性向个性化转变,未来产品完全可以按照个人意愿进行生产,成为自动化、个性化的单件制造。用户由部分参与向全程参与转变,能够广泛、实时地参与到生产和价值创造的全过程中去。

2. 英国的"高值制造"

欧洲另一代表性国家英国提出了"高值制造"。

英国是第一次工业革命的起源国家,20世纪80年代之后,英国逐渐向金融、数字创意等高端服务产业发展,制造业发展放缓。2008年金融危机后,英国制造业开始回归。英国政府科学办公室在2013年10月推出了《英国工业2050战略》,被看作"英国版的工业4.0"。

《英国工业2050战略》提出,制造业并不是传统意义上的"制造之后再销售",而是"服务再制造(以生产为中心的价值链)"。"高值制造"就是高附加值的制造,是一场制造业的革命,通过信息通信技术、新工具、新方法、新材料等与产品和生产网络的融合,极大地改变了产品的设计、制造、提供甚至使用方式。英国政府科学办公室将其定义为:由新技术、新方法和新材料驱动,同时伴之以基于3D打印技术的本地化定制生产,走向产品加服务的商业模式。它的产业形态是按需制造、分布式制造和产品服务化,技术形态是新兴技术群、数据网和智能基础设施,整个制造形态和商业模式都在发生变革。

1.2.2 美国的先进制造(再工业化)

为重塑美国制造业在全球的竞争优势,美国国家科学技术委员会于2012年2月正式发布了《先进制造业国家战略计划》,对未来的制造业发展进行了重新规划,依托新一代信息技术和新材料、新能源等创新技术,加快发展技术密集型先进制造业。美国政府也提出了"再工业化"来重振美国制造业,重塑制造业全球竞争优势。

根据美国总统科学技术顾问委员会的定义,"先进制造"是基于信息协同、自动化、计算、软件、传感、网络和/或使用尖端先进材料和物理及生物领域科技的新原理的一系列活动。

"先进制造"与数字革命相关联。当前的数字革命有三个特征：计算能力持续增长；通信和分析能力快速提高；机器人技术和控制系统不断进步。"先进制造"包括先进产品的制造，还包括先进的、基于信息通信技术的生产过程。智能制造主要指后者，即现代生产制造过程的各个环节中信息技术的应用过程。

与德国不同，美国将"工业 4.0"概念称为"工业互联网"。2012 年美国通用电气公司（GE）发布了《工业互联网：突破智慧和机器的界限》，正式提出"工业互联网"概念。它倡导将人、数据和机器连接起来，形成开放而全球化的工业网络。工业互联网系统由智能设备、智能系统和智能决策三大核心要素构成，是数据流、硬件、软件和智能的交互。由智能设备和网络收集并存储数据，利用大数据分析工具进行数据分析和可视化，由此产生的"智能信息"可以由决策者在必要时进行实时判断处理，成为大范围工业系统中工业资产优化战略决策过程的一部分。

作为先进制造业的重要组成部分，以先进传感器、工业机器人、先进制造测试设备等为代表的智能制造，得到了美国政府、企业各个层面的高度重视。而且，约束美国制造业发展的一大因素是居高不下的劳动力成本，智能制造的发展能够大幅减少制造业的用工需求，使制造业的劳动力成本降低，从而使美国的科技优势进一步转化为产业优势。

1.2.3 中国制造 2025

面对欧美发达国家推行的"工业 4.0""先进制造""再工业化"等战略，考虑到我国制造业面临的诸多严峻问题，国务院于 2015 年 3 月 19 日发布了我国制造强国战略的第一个十年行动纲要《中国制造 2025》，旨在抢占技术发展的战略制高点，从根本上改变中国制造业"大而不强"的局面。

《中国制造 2025》提出，通过"三步走"实现制造强国的战略目标：第一步，到 2025 年迈入制造强国行列；第二步，到 2035 年我国制造业整体达到世界制造强国阵营中等水平；第三步，到中华人民共和国成立一百年时，我国制造业大国地位更加稳固，综合实力进入世界制造强国前列。

中国政府工作报告提出要实施"中国制造 2025"强国战略，坚持创新驱动、智能转型、强化基础、绿色发展，促进工业化和信息化深度融合，开发利用网络化、数字化、智能化等技术。据新华社报道："中国制造 2025"的总体思路是坚持走中国特色新型工业化道路，以促进制造业创新发展为主题，以提质增效为中心，以加快新一代信息技术与制造业融合为主线，以推进智能制造为主攻方向。

简言之，"中国制造 2025"与"工业 4.0""先进制造"有不同之处，也有相同之处，其核心都是智能制造。2015 年 3 月，国务院总理李克强在政府工作报告中提出了"互联网＋"的概念。美国利用先进的互联网优势以期整合全球工业资源，德国希望将传统工业向信息技术发展以保持其装备制造业全球领导地位，我国则通过"互联网＋工业"来促进制造业的转型升级，实现"中国制造 2025"由制造业大国向制造业强国转变的宏伟目标。

我国智能制造研究始于 20 世纪 80 年代末，当初将"智能模拟"列入国家科技发展规划的主要课题，至今已经取得了一大批智能制造技术的基础研究成果和先进制造技术成果。自进入 21 世纪以来，智能制造在我国迅速发展，以新型传感器、智能控制系统、工业机器人、自动化成套生产线为代表的智能制造装备产业体系初步形成,一批具有自主知识产权的重大智能制造装备实现了突破。现阶段,我国紧密围绕重点制造领域关键环节,开展了新一代信息技术与制造装备融合的集成创新和工程应用工作。

虽然我国智能制造技术已经取得长足进步,但智能制造基础理论和技术体系建设仍较为滞后;关键智能制造技术、智能制造装备及核心零部件自给率低,对外依赖度高。因此,有必要建立智能制造基础理论体系,突破核心关键技术,提高智能制造自主创新能力,推动智能制造装备的创新发展和产业化,并扩展到智能制造服务业。此外,还要加强智能制造人才培养,建立并完善智能制造人才培养体系和激励机制,培养更多的智能制造科研人才、管理人才和技术人才。

1.3　智能制造的内涵与特征

1.3.1　智能制造的内涵

智能制造是"中国制造2025"的主攻方向,是实现中国制造业由大到强的关键路径。

智能制造具有三个基本属性:对制造过程信息流和物流的自动感知和分析,对制造过程信息流和物流的自主控制,对制造过程的自主优化运行。如图 1-2 和图 1-3 所示,智能制造

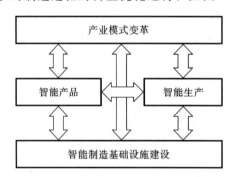

图 1-2　智能制造推进的四个维度

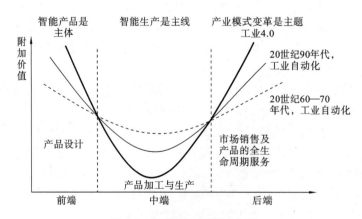

图 1-3　智能制造"微笑"曲线

是一个大的系统工程,要从产品、生产、模式、基础四个维度系统推进。智能产品是主体,智能生产是主线,以用户为中心的产业模式变革是主题,信息物理系统 CPS 和工业互联网是基础。

智能制造是在网络化、数字化、智能化的基础上融入人工智能和机器人技术形成的人、机、物之间交互与深度融合的新一代制造系统。机包括各类基础设施,物包括内部和外部物流。网络化指人、机、物之间的互联互通;数字化指包含了产品设计、工艺、制造、生产、服务整个产品生命周期管理(PLM)过程的数字化研制体系;智能化指通过网络、大数据、物联网和人工智能等技术支持,自动地满足人、机、物的各种需求。智能制造不仅是生产制造的概念,还要向前延伸到个性设计、向后推移到服务保障、向上上升到管理模式。

智能制造蕴含丰富的科学内涵(人工智能、生物智能、脑科学、认知科学、仿生学和材料科学等),是高新技术的制高点(物联网、智能软件、智能设计、智能控制、知识库、模型库等),汇聚了广泛的产业链和产业集群,是新一轮世界科技革命和产业革命的重要发展方向。

1.3.2 智能制造的特征

智能制造的特征包括:实时感知、自我学习、计算预测、分析决策、优化调整。

1. 实时感知

智能制造需要大量的数据支持,利用高效、标准的方法进行数据采集、存储、分析和传输,实时对工况进行自动识别和判断、自动感知和快速反应。

2. 自我学习

智能制造需要不同种类的知识,利用各种知识表示技术和机器学习、数据挖掘与知识发现技术,实现面向产品全生命周期的海量异构信息的自动提炼,得到知识并升华为智能策略。

3. 计算预测

智能制造需要建模与计算平台的支持,利用基于智能计算的推理和预测,实现诸如故障诊断、生产调度、设备与过程控制等制造环节的表示与推理。

4. 分析决策

智能制造需要信息分析和判断决策的支持,利用基于智能机器和人的行为的决策工具和自动化系统,实现诸如加工制造、实时调度、机器人控制等制造环节的决策与控制。

5. 优化调整

智能制造需要在生产环节中不断优化调整,利用信息的交互和制造系统自身的柔性,实现对外界需求、产品自身环境、不可预见的故障等变化的及时优化调整。

1.4 智能制造系统架构

《国家智能制造标准体系建设指南(2015 年版)》指出:智能制造系统架构通过生命周期、系统层级和智能功能三个维度构建而成,如图 1-4 所示。

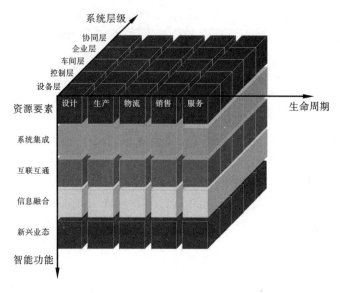

图 1-4　智能制造系统架构

1．生命周期

生命周期是由设计、生产、物流、销售、服务等一系列相互联系的价值创造活动组成的链式集合。生命周期中各项活动相互关联、相互影响。不同行业的生命周期构成不尽相同。

2．系统层级

系统层级自下而上共五层，分别为设备层、控制层、车间层、企业层和协同层。智能制造的系统层级体现了装备的智能化和互联网协议(IP)化，以及网络的扁平化趋势。具体包括：

(1)设备层包括传感器、仪器仪表、条码、射频识别装置、机器和机械装置等，是企业进行生产活动的物质技术基础；

(2)控制层包括可编程逻辑控制器(PLC)、数据采集与监视控制(SCADA)系统、分布式控制系统(DCS)和现场总线控制系统(FCS)等；

(3)车间层实现面向工厂/车间的生产管理，包括制造执行系统(MES)等；

(4)企业层实现面向企业的经营管理，包括企业资源计划(ERP)系统、产品生命周期管理(PLM)系统、供应链管理(SCM)系统和客户关系管理(CRM)系统等；

(5)协同层由产业链上的不同企业通过互联网共享信息实现协同研发、智能生产、精准物流和智能服务等。

3．智能功能

智能功能包括资源要素、系统集成、互联互通、信息融合和新兴业态等五个方面。

(1)资源要素包括设计施工图样、产品工艺文件、原材料、制造设备、生产车间和工厂等物理实体，也包括电力、燃气等能源。此外，人员也可视为资源的一个组成部分。

(2)系统集成是指通过二维码、射频识别、软件等信息技术集成原材料、零部件、能源、设备等各种制造资源，由小到大实现从智能装备到智能生产单元、智能生产线、数字化车间、智能工厂，乃至智能制造系统的集成。

(3)互联互通是指通过有线、无线等通信技术，实现机器之间、机器与控制系统之间、企业之间的互联互通。

（4）信息融合是指在系统集成和通信的基础上,利用云计算、大数据等新一代信息技术,在保障信息安全的前提下,实现信息协同共享。

（5）新兴业态包括个性化定制、远程运维和工业云等服务型制造模式。

1.5　智能制造关键技术

智能制造在制造业中的不断推进发展,对制造业中从事设计、生产、管理和服务的应用型专业人才提出了新的挑战。他们必须掌握智能工厂制造运行管理等信息化软件,不但要会应用,还要能根据生产特征、产品特点进行一定的编程、优化。

智能制造要求在产品全生命周期的每个阶段实现高度的数字化、智能化和网络化,以实现产品数字化设计、智能装备的互联与数据的互通、人机的交互以及实时的判断与决策。工业软件的大量应用是实现智能制造的核心与基础,这些软件主要有计算机辅助设计(CAD)、计算机辅助制造(CAM)、计算机辅助工艺(CAPP)、企业资源管理(ERP)、制造执行系统(MES)、产品生命周期管理(PLM)等。

除工业软件外,工业电子技术、工业制造技术和新一代信息技术都是构建智能工厂、实现智能制造的基础。应用型专业人才在掌握传统学科专业知识与技术的同时,还必须熟练掌握及应用这几种智能制造关键技术,以适应未来智能制造岗位的需求。

工业电子技术集成了传感、计算和通信三大技术,解决了智能制造中的感知、大脑和神经系统问题,为智能工厂构建了一个智能化、网络化的信息物理系统。它包括现代传感技术、射频识别技术、制造物联技术、定时定位技术,以及广泛应用的可编程控制器、现场可编程门阵列(FPGA)技术和嵌入式技术等。

工业制造技术是实现制造业快速、高效、高质量生产的关键。智能制造过程中,以技术与服务创新为基础的高新化制造技术需要融入生产过程的各个环节,以实现生产过程的智能化,提高产品生产价值。工业制造技术主要包括高端数控加工技术、机器人技术、满足极限工作环境与特殊工作需求的智能材料生产技术、基于3D打印的智能成形技术等。

信息技术主要解决制造过程中离散式分布的智能装备间的数据传输、挖掘、存储和安全等问题,是智能制造的基础与支撑。新一代信息技术包括人工智能、物联网、互联网、工业大数据、云计算、云存储、知识自动化、数字孪生技术及产品数字孪生体、数据融合技术等。

课后思考题

1. 如何理解智能制造的概念。
2. 简述智能制造的主要特征。
3. 简述智能制造的体系与架构。
4. 智能制造的智能化体现在哪些环节?

第 2 章 工 业 软 件

2.1 概述

教学课件

只有实现了企业的自动化与信息化,才能确保智能制造技术的长足发展。在实现数字自动化生产控制的过程中,需要从根本层面上合理配置各类过程控制软件;而将设计研发、生产调度、经营管理、市场营销与服务分析环节系统流程化并数字化以后,才可以保证按不同的信息化要求将相关数据流进行系统的整合利用。因此,在相关工业软件选用过程中必须保证工业软件能提供全面关键的数据信息并具有强大的数据系统分析处理功能。

2.1.1 全球工业软件发展状况

国际上一般通用“企业级软件”概念来综合定义企业常用的各类工业软件——经营管理软件、生产管理软件、研发管理软件、协同办公软件。这一概念由著名的 Gartner 市场研究机构首先提出并发展完善。

1. 市场规模

根据 Gartner 的研究数据,2012 年至 2014 年全球软件市场增速良好,如表 2-1 和图 2-1 所示。考虑到以我国为代表的发展中国家人口数量庞大,智能制造产业升级需求极其迫切,因此,将来可乐观实现两位数的增长预期。

表 2-1 2012—2014 年全球企业级软件市场规模(单位:亿美元)

年　份	2012	2013	2014
市场规模	2850	3000	3175
同比上一年增长	6.3%	5.3%	5.8%

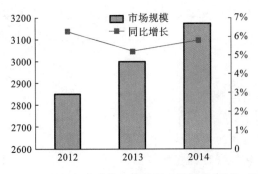

图 2-1 2012—2014 年全球企业级软件市场规模(单位:亿美元)

2. 市场结构

目前,企业级软件发展的重点为延长数据生命周期和改善产品生命周期。确保数据安全存储管理的存储管理类软件具有显著的市场需求,说明企业视原始创新数据为第一生命的规律亘古不变。相应地,在此基础上的绩效与商务智能数据分析软件市场需求有待提升。但是,随着企业发展规模的迅速扩张,这类软件的增速预期也会迅速变大。

同样,由于企业视生产效率的快速提升为第一要务,产品生命周期应用软件目前主要在工业设计仿真、ERP 和 CRM 等领域有快速长足的发展。相应地,随着越来越多的企业走向国际市场,相关的生产调度过程控制软件需求预期会被极度看好。

3. 主要特点

1)市场规模平稳增长

全球经济发展形势及市场业务的深度拓展对企业级软件的需求有着直接、显著的影响。因此,相关需求也可视为经济发展的"晴雨表"。从表 2-1 的分析看,全球市场竞争激烈,迫使企业将大量资金投在智能软件信息技术领域,以确保其核心竞争力。虽然总体市场需求是相对乐观的,但仍需要在宏观层面上及时调控,营造良好的经济发展环境,从而增强企业对未来投资的坚实信心,进而带动工业软件市场良性、有序、快速、健康发展。

2)数据驱动业务发展前景向好

为了实现精准高效的客户管理及供应链管理,数据驱动业务软件的深入发展不可或缺。因为这涉及企业数据的安全存储利用,企业数据的采集、分析、集成、改进和企业资源的优化匹配等。虽然目前这是主要需求所在,但遗憾的是其规模还有待进一步提升与优化。幸运的是,目前主流企业都已重点关注此类软件的使用,以助益其成本优化、市场优化重组、销售市场深度开拓融合等工作,提升核心竞争力。

3)工业云服务市场蓬勃发展

物联网技术的发展催生了云技术的蓬勃深入创新发展。例如,GE 公司通过研发基于工业互联网的新型工业云服务模式,客观上促进了泛在传感信息数据集成分析技术的发展。以此关键技术为抓手,企业及软件厂商可基于不同行业开发出不同的工业云集中服务平台,以满足不同行业不同企业的软件即服务(software as a service,SaaS)的部署要求。

2.1.2　我国工业软件发展状况

1. 市场规模

据初步测算,我国工业软件市场增速全球第一,如表 2-2 和图 2-2 所示。但是,以我国为代表的发展中国家虽然人口数量和市场庞大,但智能制造产业升级技术储备相比发达国家仍然不够成熟,因此,将来增长预期不一定乐观。

2. 市场结构

我国企业更加重视业务流程的规范管理和市场营销工作,因此,企业对相关分析软件青睐有加。但是,随着企业对自主知识产权的日益重视,对生产调度和过程控制软件的需求也日益快速增长,一度同比增长超过 50%,尤以轨道交通、能源、电力等重点行业为主。

表 2-2 　2012—2014 年中国工业软件市场规模（单位：亿元）

年　　份	2012	2013	2014
市场规模	723	855	1000
同比上一年增长	17.3%	18.26%	16.96%

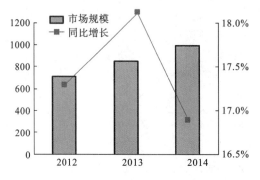

图 2-2 　2012—2014 年中国工业软件市场规模（单位：亿元）

3. 主要特点

1）重点行业的发展推动相关软件市场份额的增长

由于轨道交通、航空航天、能源电力与装备制造是我国的重点发展方向，所以它们能有效推动企业利润的增长，促进企业增加对企业级软件的投资，进而促进了工业软件市场的繁荣发展。这是克服工业转型升级阵痛，提前布局产业利润点的关键所在。

2）业务管理和市场分析类 SaaS 产品市场蓬勃发展

在整体经济形势低迷的前提下，企业会面临显著的一次性支付压力。如果整体经济低迷不可控，那么可设法实行按需付费等灵活支付方式来减轻企业的一次性支付压力。通过向云计算技术转型，企业可以提升相应的市场营销能力，从而提高在电子商务时代的核心竞争力。

3）生产调度和过程控制软件备受青睐

为了使工业制造企业提高生产效率，节能减排，必须对生产过程进行精准监控，减少不必要的时间消耗与能源消耗。为此，必须大力推广应用各类生产调度与过程控制软件。这在国家层面上，已予以部署和实施。2014 年，我国就开始了以智能制造引领"两化"深度融合的工作。

2.2　产品与系统

2.2.1　主要应用软件与系统

1. ERP 软件

ERP 软件的主要作用是优化企业业务流程以使企业核心竞争力得到切实有效的提高。其使用界面如图 2-3 所示。

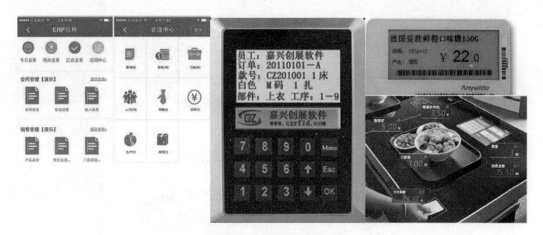

图 2-3 ERP 软件使用界面

著名的 ERP 软件设计开发公司有：美国的 Sage、Oracle、Infor，德国的 SAP，中国的管家婆、金蝶、用友等。

ERP 软件在智能制造体系下可以发挥以下显著优势：

① 移动互联网资源智能共享；

② 基于大数据技术的智能信息化融合；

③ 助推云模式兴盛，如 SAP Business One；

④ 物联网技术助力精细化管理。

2. PLM 软件

PLM 软件用于对产品生命周期数据进行统一管理。国际顶级开发公司有 SIEMENS PLM、Dassault、PTC、Autodesk、SAP、Oracle 等。其系统基本架构如图 2-4 所示。

PLM 软件在智能制造体系下可以发挥以下显著优势：

① 支持并营造协同设计开发环境；

② 对 CAD/CAE 技术进行一体化深度融合；

③ 对 CAD/CAPP/CAM 技术进行一体化深度融合；

④ 支持建立仿真数据管理（SDM）系统；

⑤ 无缝对接最新数据链路技术，提升管理效益。

3. MES 软件

MES 出现在 20 世纪 90 年代，由美国管理界最先提出。根据 MES 国际联合会的定义，在信息无损正常全方位传递的前提下，使用 MES，可保证对从订单下达到产品生产完成的全过程进行优化管理。一旦出现关键事件，MES 能够快速反馈并基于先进智能控制算法对相应事件进行修正或处理，从而尽可能减少企业内部无效事件的发生，提高工厂的生产运作效率、市场交易效度、物流流动效率以及生产回报率。其基本架构如图 2-5 所示。

MES 的工作范围涵盖订单管理、物料管理、过程管理、生产排程、品质控管、设备控管等关键环节。此外，为无缝衔接外部相关信息流系统，提高其在市场配置资源过程中的核心作用，MES 需具备产品数据管理（PDM）整合接口，并能与 ERP 软件整合对接。

MES 实现了对企业核心业务流程的有效整合，所以可在此基础上就公司生产管理架构

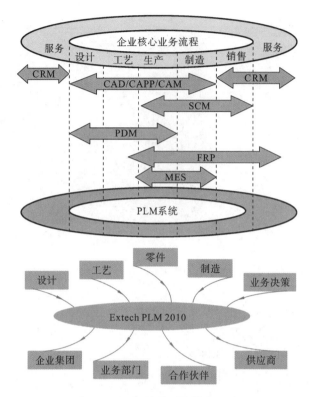

图 2-4　PLM 软件系统基本架构

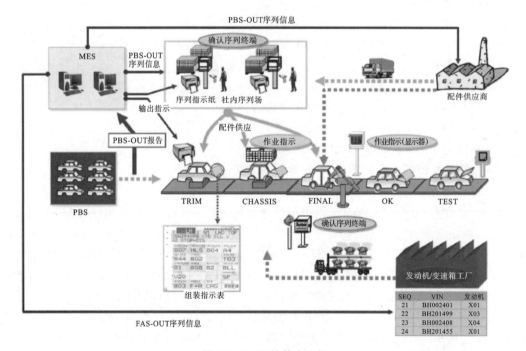

图 2-5　MES 的基本架构

相关信息进行深度加工解读,取长补短,提升企业竞争力。此外,由于可实时监管产品订单种类及交货期等关键参数,MES 还可助益企业管理层实施调整库存策略、采购策略以及交货时间,从而增强企业对生产过程进行深度控管的能力。

2.2.2 软件与系统的集成

基于大数据时代背景的两项关键技术——云计算、物联网,各类工业软件在以下领域有不同的特色创新与发展。

1. 基于 SaaS 云服务的市场营销管理

通过网络直接无缝衔接软件供应商智能服务终端,可以满足企业对低成本、高灵活移动办公的需求。这是因为 SaaS 模式规避了传统模式对硬件、软件、人员的大量需求,从而极大地降低了成本,成为移动互联时代极具代表性的运营模式。

率先使用 SaaS 模式提供 CRM(客户关系管理)服务并获得成功的 Salesforce 助推该模式的成熟发展。进而继续发力,API 开放平台化发展进一步巩固了其市场地位。在先行者巨大成功的吸引下,众多其他行业领域的领头公司也看到了 SaaS 模式的巨大潜力。这是因为客户关系管理是通用的功能要求,且关键技术特征可以模块化。一旦模块化完成,均可借鉴 SaaS 模式制定个性化的按需付费、快速定制、网络交付平台。目前,旅游服务管理、物流系统调度、酒店管理、专用设备监控和管理等领域都使用该模式。

2. 基于混合云的 ERP

企业各具特色,为使企业能有效整合商业应用相关流程,必须开发定制化的 ERP 系统。目前,随着企业规模的迅速发展和业务深度融合,定制化 ERP 一般呈现出高度集成、规模庞大等显著特点。在云计算时代,企业在信息化、智能化过程中普遍面临一个矛盾:过度复杂的定制化 ERP 的巨大耗资需要利用云服务的按需简捷优势来予以平衡,但将 ERP 系统进行云端整体迁移过于耗时耗资,且迁移过程中存在较大的信息安全隐患。据 Gartner 称,完成 ERP 的云端迁移通常要耗费十年甚至更长的时间。

2014 年,以 SAP HANA 为代表的内存计算技术给该问题的解决带来了一线曙光。以此技术为基础,中小企业可以采用按需灵活定制的云计算解决方案。其关键是:将具体的专业技术服务向云端 ERP 迁移,而将事关企业发展命脉的核心制造技术、财务、核心企业资产运作管理仍保留在企业内部云 ERP 上,简称为基于混合云的 ERP。在未来一段时间内,基于混合云的 ERP 是业界主流应用模式,因为它兼顾了降低私有云运作的成本压力和保护用户敏感数据安全的两大根本需求。

3. 面向全价值链可定制的 PLM、MOM 集成服务

PLM(产品生命周期管理)主要用于对数字化产品进行全生命周期管理,主要在产品研发领域起到关键作用。这一概念最早由 UG 公司(现被西门子收购)提出。最初,PLM 系统发展的重心落在 PDM(实验数据管理)上,并依此向需求管理、设计管理、数据发布、质量反馈等相关业务进行功能拓展。随着智能化、数字化蓬勃发展,PLM 系统产品也向上追根溯源,囊括了整个产品设计开发过程中最具原始创新的设计和仿真验证(CAX)上层领域。目前,市面上的 PLM 软件平台涵盖了企业的整个研发制造流程。而在具体的制造环节,最初,不同车间之间的生产调度靠 MES(执行制造系统)来完成。但随着企业集成化程度的不

断提升,局限于车间层级的 MES 的缺陷逐渐暴露。为此,于 2007 年,Gartner 提出了 MOM (制造运营管理)概念,以从企业顶层对具体的制造环节进行统筹协调,从而顺应 MES 和 PLM 有机结合发展的大趋势。

在以上理念的指导下,2014 年,西门子公司率先身体力行,通过对相关公司进行并购,完成了 PLM 和 MOM 的有效集成,从而为德国的"工业 4.0"战略提供了关键的物质支撑。这一集成系统的最大优点是能对行业集成数字化解决方案提供特色定制服务。其实现的关键基础是基于 MES 和 PLM 的统一数据库平台。只有这样,才能保证 PLM 的设计信息和 MOM 的制造信息实时、快速交互共享,从而保证产品的快速制造与修改。此外,仓库管理、能源管理、环境管理、安全管理等关键信息也会及时反馈到设计与制造部门,从而实现无库存的安全精益生产过程。

4. 资产绩效管理(APM)云集成服务

工业互联网一词于 2012 年由通用电气(GE)公司研发部门提出,其本质为传感器物联网+大数据+云计算。其目的是有效配置全球资源,提升工业发展的水平。其终极武器是 APM(资产绩效管理)云平台,用于监管来自 1 万亿台设备上的 1000 万个传感器发回的 5000 万条数据,并以此运用高级的人工智能算法来优化设备的运行与维护流程,进而对故障进行预测并避免损失出现。

到 2014 年年底,GE 开放了 APM 云平台下的操作系统 Predix,以使不同企业基于 Predix 标准来构建符合企业特殊需求的工业互联网系统,从而推动 Predix 成为工业互联网操作系统的标准。

以上软件与系统的集成呈现如下显著特点。

1) SaaS 服务模式收入占比提高迅速

和传统的软件授权销售相比,全球软件企业 SaaS 业务增加较快。而从事 SaaS 服务的公司在华尔街证券公司的估值评价中具有更高的价值。目前,该模式已在全球流行,成为最成熟的软件服务交付方式。

2) 大数据分析开始实际应用

大数据分析最先在零售、金融、电信、医疗等行业得到实际应用。具体的应用内容为企业数据分析、内容管理、运营决策优化等服务,以提升企业的运营管理能力和市场服务水平。

3) 面向智能工厂的综合定制解决方案市场兴起

2014 年,西门子公司完成了 PLM 和 MOM 的有效集成。这一集成系统的最大优点是能对行业集成数字化解决方案提供特色定制服务。在我国,青岛软控、雷柏科技等公司也依靠多年来在其细分行业领域的深耕细作,研发出了特定研究领域的智能工厂解决方案。

4) 传统企业主导产业互联网的发展

传统产业发展历史悠久,但是技术门槛和经验要求高,发展广度有限。为了充分发挥市场对其创新的关键引领作用,从而进一步巩固其市场地位,需要有效对接产业互联网,提高关键技术发展节点的创新及价值增加效力。例如,通用电气公司从先进设备及工业基础设施的生产经销,到资产运维,再到 APM 公共云服务,不仅在扩张其市场服务规模的同时提升了自身的技术水平,还为相关产业发展史提供了鲜活的技术转型升级发展案例。以此为鉴,我国的海尔、潍柴、徐工也开始着手建立基于工业互联网的设备运营维护监控平台,以提高其资产盈利水平并促进产品的快速研发及升级换代。

2.3　企业资源管理软件 ERP

2.3.1　ERP 概述

ERP(enterprise resource planning)是企业资源计划。它通过科学、精准及系统化的管理方法,为企业及员工制定科学有效的具体决策执行方法。这其中,智能信息化技术是它的物质基础。

ERP 系统是现代所有企业采用的标准信息管理运作模式。它可以保证企业更加高效地根据市场配置资源,从而提高财富创造的效率,进而为企业在全面智能制造时代的深度发展奠定基础。

可以从管理思想、软件产品、管理系统三个层次定义 ERP,不同层次的侧重点不同。

1. 管理思想层次

制造资源计划(manufacturing resources planning,MRP Ⅱ)需要与供应链(supply chain)无缝对接,才可以保证整套企业管理系统有效运作。基于此,方可形成科学有效的企业管理系统体系标准。具体而言,有以下三个重要方面。

1)管理整个供应链资源

市场竞争优势的获得,要求企业能够将供应商—制造工厂—分销网络—客户这一供应链纳入一个由自己能精准掌控的大的反馈闭环系统当中,进而对生产、物流、营销、售后服务过程无缝精准对接,从而避免资源浪费,达到市场导向的精益生产要求。在这个闭环反馈实现的过程中,供应链的无缝精准高效运行至关重要,是保证资源有效配置的物质信息基础,而 ERP 系统又是实现供应链无缝精准高效运行的重中之重。因此,只有开发出先进的 ERP 系统,才能保证企业在供应链环节的竞争中掌握绝对优势,确立其在市场经济时代的重要地位。

2)精准服务精益生产、同步工程和敏捷制造

混合型生产方式要求精益生产(lean production,LP)和敏捷制造(agile manufacturing)能够同步进行。这需要同步工程(SE)来协调完成。精益生产要求生产、物流、营销、售后服务过程无缝精准对接,避免资源浪费。而确保无缝对接的智能控制算法必须综合权衡企业同其销售代理、客户和供应商的利用共享合作模式。只有这样,才能确保供应链的精准高效运行。但是,精益生产只能在市场需求确定的前提下确保企业供应链的无缝精准运行。一旦市场需求发生变化,生产模式和生产方法都会发生不同程度的改变。为了保证设计制造部门能够迅速反馈市场变化,基于敏捷制造思想,以同步工程为纽带,建立特定的生产—供应销售部门的虚拟供应链系统以进行分析,最终形成虚拟工厂,从而指导产品生产部门良性地反馈市场需求,不断提供高质量的新产品。

3)保证事先计划与事中控制形成精准闭环反馈

主生产计划、物料需求计划、能力计划、采购计划、销售执行计划、利润计划、财务预算和

人力资源计划等必须完全集成到整个供应链系统中,这样 ERP 系统才能真实地发挥作用。具体而言,可以通过监控物流和资金流的同步性及一致性来完成相关作业。为此,需要精准定义会计核算项目及方法,以便在需要监管时自动生成会计核算分录,进而实现财务状况的追根溯源并对相关企业生产活动进行判断评估,避免物流和资金流的不同步,最终为做出正确的企业生产销售决策奠定基础。

在实现决策的过程中,最关键的角色还是人。只有每个工作人员充分发挥自己的主观能动性和积极性,并且相互协调配合,才可以保证整个计划、控制、决策过程得以真正有效落实。这也是管理向扁平化组织方式转变的关键所在。只有这样,才能使企业对市场的需求达到最大限度的优化响应。随着人工智能时代的到来,ERP 系统可以将越来越多的专业决策过程纳入计算机可控编程逻辑中,实现企业的柔性化、精准化、快速管理。

2. 软件产品层次

产品以 ERP 管理思想为灵魂,基于客户机/服务器体系、关系数据库结构、面向对象、图形用户界面、第四代语言(4GL)、网络通信等核心技术,通过专家智能控制算法,满足特性各异的企业资源规划要求。

3. 管理系统层次

ERP 管理系统必须实现企业管理理念、业务流程、基础数据、人力物力、计算机硬件和软件的综合最佳无缝衔接匹配。

2.3.2 ERP 历史发展

根据 Gartner 的开发理念,ERP 软件本质上是制造商业系统和制造资源计划(MRP Ⅱ)软件。该软件的关键组成是客户/服务架构、图形用户接口、应用开放系统。此外,它还包括品质、过程运作管理、调整报告等其他关键部分,同时具有软硬件快速升级的能力。这就要求开发出关键的基础技术来支撑 ERP 快速更新换代的能力。总而言之,ERP 系统必须对用户友好,便于其制定个性化的使用方案。

以 ERP 理论思想为指导,以服务产品设计为目的,能够有效综合企业财务、物流、供应链、生产计划、人力资源、设备、质量管理等软件操作系统的综合企业资源计划系统软件均可被定义为 ERP 软件。国内外均有著名的 ERP 软件商。国际上,水平最高的 ERP 软件之一是 SAP 公司的 SAP ERP 软件,其开放性、严谨性和功能性均属世界顶级。此外,美国的Oracle ERP、丹麦的 Axapta ERP 等都是世界顶级的 ERP 产品。国内方面,用友 ERP、台湾方天 ERP 可谓业界牛耳。用友 ERP 软件的子模块涵盖了生产计划、物资管理、质量管理、设备管理、人力资源管理、财务管理等诸多核心方面。其次,航信软件在 ERP 技术领域填补了一大片空白,具有坚实的市场地位。此外,金蝶、启航软件、天思、蓝灵通、迅达、道讯、和佳、艾克等公司也在部分细分市场领域占有一席之地。

ERP 发展经历了以下四个阶段。

1. 20 世纪 60 年代的 MRP 系统

MRP(material requirements planning)即物料需求计划。基于 MRP 系统,可以针对具体的主生产计划(master production schedule,MPS)、物料清单(bill of material,BOM)、存货单(库存信息)等资料,通过计算制定相应的生产物流计划,并对订单进行实时修正,以期达到满意的效果。

由于工业企业所需要的产品是非常繁杂的,所以从计划制定的角度而言,计算量大,工作任务烦琐困难。为此,1965 年,IBM 的 Joseph A. Irlicky 基于独立需求和非独立需求等理念,并顺应计算机技术开始在企业的发展管理中广泛应用这一趋势,开发了在计算机系统上可对装配产品进行生产过程控制的 MRP 系统。

2. 20 世纪 70 年代的闭环 MRP 系统

将 MRP 系统与能力需求计划(capacity requirement planning,CRP)相结合,可以形成闭环反馈计划管理控制系统,简称为闭环 MRP 系统。相应地,此前的 MRP 系统为开环 MRP 系统。对于开环 MRP 系统而言,其主要功能是完成产品零部件配套服务的库存控制,从而从根本上解决产品订货物料项目、物料数量以及供货时间的计算等问题。

而闭环系统与开环系统相比,在完成物料需求计划以后,基于开环系统功能可根据生产工艺完成对基于物料需求量的生产能力的计算工作;此后,利用闭环系统的反馈比较功能,和现有生产能力进行对比,同时对计划可行性进行检查,如果反馈结果不合要求,则必须重新对物料需求及主生产计划进行修正,直至达到综合最优平衡效果;最后,为了实际检测闭环控制方案的落实情况,需进入车间作业控制系统进行实地监察。

闭环 MRP 系统具有以下扩展功能:

① 能力需求计划子系统;

② 车间作业控制子系统。

3. 20 世纪 80 年代的 MRP Ⅱ 系统

MRP Ⅱ 系统是对企业的制造资源进行计划、控制和管理的系统。MRP Ⅱ 系统是对闭环 MRP 系统的改进。MRP Ⅱ 系统可实现物流与资金流的信息集成,并增加了模拟功能,可对计划结果进行模拟仿真及评估。

MRP Ⅱ 系统的制造资源有以下四类:

① 生产资源;

② 市场资源;

③ 财务资源;

④ 工程制造资源。

MRP Ⅱ 系统具有以下六大特性:

① 计划的一贯性和可靠性;

② 管理的系统性;

③ 数据的共享性;

④ 动态应变性;

⑤ 模拟预见性;

⑥ 物流、资金流的统一性。

4. 20 世纪 90 年代的 ERP 系统

市场竞争在 20 世纪 90 年代进一步加剧,因此,MRP Ⅱ 系统也需要与时俱进。在 20 世纪 80 年代,如前所述,MRP Ⅱ 系统的重点是如何在企业内部进行制造资源的集中优化管理。而 20 世纪 90 年代更加开放的市场竞争环境,要求 MRP Ⅱ 系统将重点放在企业整体

资源的管理与优化上,这就促使了 ERP 系统的产生。新产生的 ERP 系统具有以下特点:

① ERP 系统基于 MRP Ⅱ 系统拓宽了管理范畴,形成了新型管理结构。

② ERP 系统整合优化匹配企业所有资源,将物流、资金流、信息流完全纳入一体化系统管理过程。

③ ERP 系统基于 MRP Ⅱ 系统,完成了对生产管理方式、管理功能、财务系统功能、事务处理控制、计算机信息处理等重要业务领域的改进工作。

2.3.3 ERP 系统分类

1. 按功能分类

1)通用型 ERP 系统

一般只能完成买入卖出、仓库管理、产品分类、客户关系管理等基本通用功能。这些功能的实现只需系统具备基本的数据记录能力,无法增加满足企业特殊性质要求的功能接口。

2)专业 ERP 系统

必须根据企业的特殊性质要求提前设计定制。专业 ERP 系统在通用型 ERP 系统的数据记录功能基础上,基于不同人工智能算法,结合企业特色,可以实现管理服务的多元细致化设计。

2. 按所采用的技术架构分类

1)C/S 架构 ERP 系统

C/S 构架即 Client/Server(客户/服务器)架构。该架构需要使用高性能计算机、工作站或小型机,客户端需要安装专用的客户端软件。

2)B/S 架构 ERP 系统

B/S 架构即 Browser/Server(浏览器/服务器)架构。该架构要求客户端必须安装一个浏览器(browser)并保证它能通过网络服务器(Web server)同数据库进行数据交互。

2.3.4 企业应用

ERP 系统的顺利实施需要整个企业部门通力配合。上至管理层,下至操作人员,需要无保留贡献自己的专业技术经验。在此前提下,依然需要实施者花费大量的时间和精力来完成这一系统工程,因为在实施过程中需要协调各种问题以确保利益不受太大损失。具体的问题如下:

① 利益矛盾导致项目难以有效推进;

② 风险承担意识不统一,往往难以做出符合市场需求的最优的市场决策;

③ 企业需求的定义和描述往往受制于管理人员的思维定式和具体的企业条件,往往难以发现企业面临的关键问题;

④ 管理者缺乏某些项目经验,导致 ERP 系统管理方法的分析建模不能反映项目的真实需求。

为解决以上问题,需要专业的 ERP 咨询公司来起到桥梁纽带的作用。在实施过程中,ERP 咨询公司必须以独立客观的第三方形象出现,同时具备扎实的跨学科技术知识体系以及经实践证明正确的方法论指导体系,才可以在企业信息化建设中起到关键作用。

2.3.5　ERP 系统带来的效益

据美国生产与库存控制学会(APICS)资料,MRP Ⅱ/ERP 系统能产生以下经济效益:

① 库存减少 30%~50%;

② 延期交货情况减少 80%;

③ 采购提前期缩短 50%;

④ 停工待料情况减少 60%;

⑤ 制造成本降低 12%;

⑥ 管理人员减少 10%的同时生产能力提高 10%~15%。

2.3.6　ERP 平台式软件

我国企业信息化的日益成熟与系统的深入发展,引导了企业对 ERP 软件的大规模个性化需求,从而促使大型的公共 ERP 集成系统运营平台,即 ERP 平台式软件出现。

ERP 平台式软件基于现有 ERP 开发平台,通过调整平台系统的具体参数设置,可以达到快速、精准、高效地制定符合企业特色需求的 ERP 管理系统的目的。由于无须进行二次开发工作,它可以保证在很短时间内有效地集成企业内部组织资源,进而实现企业与客户、供应商及合作伙伴的协同高效发展,最终为中小企业的发展壮大及大型企业的全球化提供必要的技术支撑。

ERP 平台式软件具有以下特点。

1. 功能搭建工作可快速完成

需要进行二次开发时,软件公司可结合企业实际需求,迅速完成软件功能的增加、修改、删除等工作。上至界面输入、查询、统计、打印、企业业务流程,下至数据库表结构,都可以进行访问、编辑和重新定义。

2. 全面和一体化的应用开放式平台

除了集成优化企业内部管理业务工作流程以外,供应商、合作伙伴、客户之间的商务往来也可以通过 ERP 平台式软件进行协同优化,从而保证业务物流、生产计划、生产控制、财务、销售、客户关系、人力资源、办公自动化、知识、项目、企事业机构等均可以纳入平台进行全维度综合最优化管理。

3. 协同商务(c-commerce)

ERP 平台式软件根据企业的营利及效益目标要求,通过智能控制优化算法,可以助力企业形成良性的电子商务开放运营环境,从而从根本上保证商务供应链协同优化管理的目标得以实现。

4. 灵活的调整机制

ERP 平台式软件能够快速、精准地响应企业在管理运营方式上的变化,进而指导企业管理层做出业务流程、审核流程、组织结构、运算公式、各类单据、统计报表以及单据转换流程等的灵活调整工作,随机应变,随需应变。

5. 管理软件完全受企业掌控

ERP 平台式软件所有接口均具有自定义功能。这就意味着,一旦开始计划管理工作,相关项目人员便可对软件的功能模块进行设置、匹配及修改完善等工作。这样,企业就具有足够的自我开发权限,而不必受制于软件供应商。

6. 无须代码开发

ERP 平台式软件最大的优势,就是解决了管理人员编程水平参差不齐的问题。这就意味着只要精熟具体业务流程,就可以依靠软件提供的界面友好的编程模块进行深度编程设计工作。工作完成后,只需将相关模块融入软件产品体系中,便可对各类特色功能进行按需配置,从而显示出极强的个性化设计开发功能。

2.4 制造执行系统软件 MES

2.4.1 概述

制造执行系统(manufacturing execution system, MES)最早于 20 世纪 90 年代初提出。其初衷是强化 MRP 系统的执行能力,即将 MRP 系统精益化实施落实到最根本的车间作业现场控制层面。这就需要高效精准的执行系统的作用。现场控制的主要部分涵盖 PLC 程控器、数据采集器、条形码、各种计量及检测仪器、机械手等。此外,MES 有必要的程序接口,以保证与控制设备供应商进行有效合作。

2.4.2 MES 的定义

不同的研究机构对 MES 的定义各具特点。根据美国先进制造研究机构(advanced manufacturing research, AMR)的研究成果,MES 可定义为"位于上层的计划管理系统与底层的工业控制之间的面向车间层的管理信息系统"。而制造执行系统协会(manufacturing execution system association, MESA)对它的定义为:"MES 能通过信息传递对从订单下达到产品完成的整个生产过程进行优化管理。当工厂发生实时事件时,MES 能对此及时做出反应、报告,并用当前的准确数据对它们进行指导和处理。这种对状态变化的迅速响应使 MES 能够减少企业内部没有附加值的活动,有效地指导工厂的生产运作过程,从而使其既能提高工厂及时交货的能力,改善物料的流通性能,又能提高生产回报率。MES 还通过双向的直接通信在企业内部和整个产品供应链中提供有关产品行为的关键任务信息。"

关于 MES 的定义,有以下三点务必强调:

① MES 以整个车间制造过程为优化对象;

② MES 能实时采集生产过程中的数据并进行精准的分析和处理;

③ MES 是计划层和控制层信息交互的关键纽带,企业的连续信息流通过 MES 的中介作用构成企业信息全集成中的关键一环。

2.4.3　MES 的发展

1990 年 11 月，AMR 提出了 MES 的基本理念。1997 年，MESA 提出 MES 的功能和基本集成架构。最初 MES 主要包含 11 个功能，不过于追求功能全面。到了 2004 年，MESA 提出了协同 MES 体系结构（c-MES）。

20 世纪 90 年代初期，中国就开始对 MES 及 ERP 进行跟踪研究、宣传或试点，而且曾经提出了"管控一体化""人、财、物、产、供、销"等颇具中国特色的 CIMS（计算机/现代集成制造系统）、MES、ERP、SCM（软件配置管理）等概念，只是总结、归纳、宣传、坚持或者提炼、提升不够，发展势头不快。

我国 MES 起源于 20 世纪 80 年代建设宝钢时从西门子（SIEMENS）公司引进的相关系统。随后，全国大多数高校、研究机构以及省市级行政部门都投入到紧密跟踪西方国家的发展轨迹之中。

MES 依托企业 CIMS 信息集成技术，确保企业敏捷制造和车间敏捷生产得以实现。最近 10 年，MES 发展迅速，主要原因是基于优秀的面向车间层的生产管理与信息系统技术。使用了 MES 以后，用户可以在快速响应、柔性精准化、低成本、精准物流、精益品质加工的市场环境下享受个性、舒适的高附加值的高端装备制造服务。这些装备制造服务主要涉及家电、汽车、半导体、通信、IT、医药等行业。目前，这些行业一般具有单一大批量生产、多品种小批量＋大批量混合型生产等典型特征。

MES 已在国外得到广泛应用，我国目前基本处于过渡发展期，国内企业也开始大量引进、开发 MES 来增强自身的核心竞争力。我国制造业的传统是"由上而下"的生产模式：制定生产计划—生产计划到达生产现场—生产过程组织控制—产品派送。目前，ERP 系统主要在计划层起到核心关键作用，即在上层有效整合企业核心资源并制定合理的生产计划。那么，为了精准落实生产计划，生产控制层的执行过程精准控制就显得格外重要，而这也是 MES 发挥关键作用之处。在生产控制层的控制过程中，必须对自动化生产设备、自动化检测仪器、自动化物流搬运储存设备进行现场自动化控制。

为使计划与生产有机高效地结合，以面对不断变化的市场环境以及相应的现代生产管理理念，从而保证企业的稳健运行，必须要求企业相关人员尽快熟悉生产现场的关键变化信息，并依据经验做出最准确的判断和最快速的应对，最终保证生产计划的快速精准执行。仅仅依靠 ERP 系统，上述工作是难以完成的。这是因为 ERP 系统提供的信息主要服务于企业上层管理层，无法针对车间具体管理流程提供翔实的数据和流程优化建议。虽然自动化生产设备、自动化检测仪器、自动化物流搬运储存设备等可直接实时反馈关键的生产现场数据信息，但由于没有管理系统对信息进行分类与加工处理，因此 ERP 系统还不能保证精准的车间层管理得以实施。这就导致在 ERP 系统和生产现场自动化设备之间的信息交融优化配置环节中出现了管理信息流的断层。最终，企业上层无法真实了解车间层出现的具体问题，亦无法对生产过程提出有针对性的改进建议；而车间层也无法系统调度管理现场生产资源。

ERP 应用中存在的具体问题如下：

① 能否针对用户产品投诉溯源产品生产过程信息？如原料供应商、操作机台、操作人

员、工序、生产日期和关键的工艺参数等。

② 生产线进行产品混合组装时,能否自动防止部件装配错误、产品生产流程错误、产品混装和货品交接错误?

③ 过去一定时间内生产线上出现最多的产品缺陷是什么?有多少次品?

④ 产品库存量、前中后各道工序生产线上各种产品的数量有多少?供应商有哪些?何时可以交货?

⑤ 生产线和加工设备有多少时间在生产,多少时间在停转和空转?影响设备生产潜能的最主要原因是设备故障,调度失误,材料供应不及时,工人培训不够,还是工艺指标不合理?

⑥ 产品质量检测数据可否自动统计分析?

⑦ 可否精确区分产品质量波动?

⑧ 能否对产品生产数量、合格率和缺陷代码进行自动统计?

为解决以上问题,MES便应运而生了。

2.4.4 MES 的特点及定位

MES 是 ERP 系统计划层与车间现场自动化执行层之间的关键纽带,其主要作用是保证车间生产调度管理有效进行。MES 可以有机而高效地涵盖生产调度、产品跟踪、质量控制、设备故障分析、网络报表等诸多管理环节。通过数据库和互联网,MES 能向生产部门、质检部门、工艺部门、物流部门及时反馈数据管理信息,并有机综合协调整个企业的闭环精益生产过程,从而为高度综合集成的实时 ERP/MES/SFC 系统提供关键的信息技术支持保障。

MES 具有以下特点:

(1) 数据采集引擎功能强大;

(2) 整合数据采集渠道,如 RFID、条码设备、PLC、传感器、IPC、PC 等,可覆盖整个车间制造现场,进行海量现场数据的实时精准采集;

(3) 形成扩展性良好的工厂生产管理系统数据采集基础平台;

(4) 依托 RFID、条码与移动计算技术,形成从原材料供应、生产到销售物流的闭环数据信息系统;

(5) 产品可追根溯源;

(6) 监控在制品(WIP)状况;

(7) 准时制(just-in-time)生产库存管理与看板管理;

(8) 实时精准的性能品质分析,所用的方法为统计过程控制(SPC)方法;

(9) 开发平台为 Microsoft .NET,数据库为 Oracle/SQL Sever,安装简便,升级容易;

(10) 用户自定义工厂信息门户(portal),可通过 Web 浏览器实时了解生产现场信息;

(11) MES 技术队伍工作能力强,工作方式多样灵活,有助于降低项目风险。

MES 一般可达成以下目标:

(1) 远程掌控生产现场状况工艺参数;

(2) 可溯源分析制造品质问题;

(3) 可对物料损耗进行跟踪管理;

(4) 可对生产排程进行管理,有助于合理安排订单;

(5) 可对客户订单进行跟踪管理,保证按期出货;

(6) 遇到生产异常可及时报警;

(7) 自动提示保养和进行设备维护管理;

(8) 可进行 OEE(设备综合效率)指标分析进而提升设备效率;

(9) 可进行自动数据采集;

(10) 可自动生成无纸化报表;

(11) 科学跟踪考察生产过程;

(12) 快速完成成本核算与订单报价决策;

(13) 精细化成本管理与预算分析。

2.4.5　MES 的主要功能模块

MES 的主要功能模块如下:

(1) 生产监视;

(2) 数据采集;

(3) 工艺管理;

(4) 品质管理;

(5) 报表管理;

(6) 生产排程;

(7) 基础资料;

(8) OEE 指标分析;

(9) 薪资管理;

(10) 数据共享。

2.5　产品生命周期管理软件 PLM

2.5.1　PLM 的概念

PLM 适用于同一地点的企业的内部,或者适用于不同地点的企业的内部。在产品开发过程中,如果具有协作关系的企业采用 PLM,那么,在产品全生命周期信息创建、管理、分发和应用时,PLM 可以将与产品相关的人力资源、流程、应用系统信息进行集成。

PLM 主要包括以下内容:

① XML、可视化、协同和企业应用集成等基础技术标准;

② 机械 CAD、电气 CAD、CAM、CAE、计算机辅助软件工程 CASE、信息发布工具等信息创建分析工具;

③ 数据仓库、文档和内容管理、工作流和任务管理等核心功能;

④ 配置管理等应用功能;

⑤ 面向业务/行业的解决方案和咨询服务。

根据 CIMdata 报告定义,PLM 主要由三大类软件系统组成:CAX 软件(产品创新的工具类软件)、cPDM 软件(产品创新的管理类软件,包括 PDM 和在网上共享产品模型信息的协同软件等)和相关的咨询服务软件系统。我国还提出了具有自主创新特色的 C4P(CAD/CAPP/CAM/CAE/PDM)概念,也即基于产品创新的技术信息化体系。基于此定义,可以发现,PLM 形成了一种独特的生命周期管理理念——涵盖从产品创建至产品完全报废的全生命周期内的产品数据信息管理理念。之前,工业界主要基于 PDM 来进行产品研发过程的数据信息管理。但是,由于 PDM 无法承担研发部门及企业间的产品数据交互融合功能,因此,PLM 出现了,使这一不利状况得以改变。综上所述,PLM 的理念有助于拓展 PDM 的功能,使其进而升级为 cPDM——基于协同的 PDM。

根据上述分析,PLM 软件核心基于 PDM 软件,实现了 PDM 软件的功能拓展。目前,软件厂商推出的 PLM 软件能有效涵盖 cPDM 中的大部分功能模块,进而实现对研发过程产品数据进行管理,最终确保产品数据服务于生产、营销、采购、服务、维修等环节。

2.5.2 PLM 的发展

较之于 ERP、SCM、CRM,PLM 系统的发展时间相对较长,同时不易被用户所理解。与其他系统最大的差别是,PLM 是独有的面向产品创新的系统,同时极具交互操作的便利性。例如,企业在使用 PLM 软件管理产品生命周期时(产品生命周期曲线如图 2-6 所示),需要 ERP、CRM、SCM 集成,这样才能真正管理一个产品的全生命周期。PLM 作为一个概念,出现的历史很悠久,但是,直到最近几年,才开始彰显它强大的生命力。这其中的原因,除了需要花费大量时间对产品生命周期管理进行市场前景评估分析以外,还有需要认真分析 PLM 与 PDM、CAD 软件系统之间的相互关系,从而在产品全生命周期内对 PLM 衍生的产品数据信息进行精确管理。

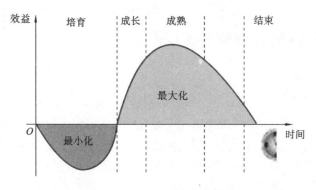

图 2-6 产品生命周期曲线

需要澄清的误区是 PLM 并非单纯的企业单一功能应用产品。目前成熟的企业功能管理系统,如 ERP、CRM 和 SCM 等都聚焦于实物产品生产过程优化、企业管理事务和资源交易等某一关键流程。如果仅要求重复迭代式地进行这些相对机械的流程,那么这些管理系统软件是能够胜任这些工作的。但是,在实际工作过程中,一旦涉及系统层面的创新型优化迭代开发工作,以上功能相对单一的软件就无能为力了。

基于此,必须为产品开发者设计一套灵活有机协调各关键事务流程的系统解决方案。只有这样,才能保证产品可以成功地推向市场。目前,PLM 形成了涵盖从规划到具体的支持解决方案的流程体系。这一体系覆盖整个企业部门及供应链。一旦使用了完整的数字化产品关键参数,企业课题人员便可在此基础上进行试验分析、设计方案修正、工作方案假设分析、局部精细化设计等工作。在此基础上,为所有涉利者提供个性化的示例修正界面,可以促使相关人员更加便利地将这些数字化产品性能逐渐完善并形成稳定的产品体系。由于这一过程发生在实际制造过程之前,因此节省了不必要的高昂费用。

2008 年,Dassault 公司率先提出了 PLM2.0 的概念,并给出了以社会社区方式来实现 PLM 的具体手段方法。PLM2.0 是基于 Web2.0 的 PLM 领域应用软件。

当前,PLM2.0 主要处于概念设想阶段,但是,其发展前景广阔,因为很多公司都在设法基于 PLM2.0 理念开发自己的 PLM 系统。

基于网络环境,PLM 体现出了在线交互信息融合、在线社区协作服务、云数据智能算法等诸多优势。一旦将 PLM 的应用拓展至企业以外,通过网络激活等手段,其业务流程可以快速大规模进行。

PLM 领域的著名公司有 PTC、Dassault、SIEMENS PLM、Autodesk 等。

2.5.3　PLM 与 PDM 的区别

PLM 有效涵盖了 PDM 的核心内容,使得 PDM 成为了 PLM 的一个子集。但是,PLM 还能够完成对产品生命周期各层级供应链信息的有效整合利用,从而更加高效。所以,这一与 PDM 的本质区别需要认真看待。

由于 PLM 与 PDM 的继承关系,各大 PLM 厂商所推出的相关系列产品不会让客户感到面目一新,往往能从中发现 PDM 的影子。这些厂商中,一些原 PDM 厂商在形成一整套 PLM 解决方案的基础上,成功完成了向 PLM 厂商转型的过程,如 EDS、IBM 等。这个过程中,还有一些 ERP 厂商融入进来,如 SAP 等。这些 ERP 厂商基于 ERP 系统的特点需求,提出了独具特色的 PLM 解决方案,进而在这一广大市场中占据了一席之地。此外,一些 CAD 工程软件厂商也在向这一方面靠拢。当然,在这一过程中,需要注意有的 PDM/CAD 厂商并没有真正开发相应的 PLM 产品,而仅仅是将原产品改名后上市出售。这是需要认真辨别的。辨别的关键,是需要注意 PLM 并非简单的“系统集成”。如果仅仅将 PDM、CAD、数字化装配与某个 ERP、SCM 系统连接起来,并以 Web 技术支持其流程运作,是无法实现 PLM 系统功能的。因为这只是技术的盲目堆积,故只能完成流程自动化运行功能,体现不出产品生命周期管理的真正思想内涵。当然,PLM 的实现是以上述技术为根基的,但这并不意味着有了上述技术就是一定能实现的。由于 PLM 涉及不同层面的复杂的生产制造商务流通环节,因此需要在以上技术基础上构建更复杂的体系结构。为此,PLM 构建过程中必须考虑更广阔的商业生命周期影响层面,并在这一宏观高级层面上完成产品生命周期管理和财富评估分析。以此为纲,以上下层的支持技术自动化、高精准、流程式运转才是必须的,而不是像传统厂商以反向操作的那样。

PLM 重塑所产生的效益曲线如图 2-7 所示。

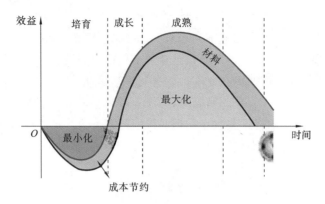

图 2-7　PLM 重塑所产生的效益曲线

2.5.4　PLM 的主要功用

　　根据世界知名咨询公司的调研报告,PLM 系统在发达国家制造业 IT 管理系统的应用上最受欢迎,其市场预期远远超过 ERP 系统。根据 Aberdeen 公司的预测,全球 PLM 市场的年增长率高达 10.9%。在可以预期的将来,其市场需求量超过 ERP 系统是主流趋势。此外,根据 Aberdeen 公司的分析报告,实施了 PLM 以后的企业,原材料成本可节省 5%～10%,库存流转率可提高 20%～40%,开发成本可降低 10%～20%,市场投放时间减少15%～50%,质保费用降低 15%～20%,制造成本降低 10%,生产率提高 25%～60%。

　　实施了 EDS-PLM 解决方案以后,可以发现,以上分析和预测是客观合理的。以通信设备厂商摩托罗拉为例,全企业内部数据存取变得方便快捷,创建和维护物料清单(BOM)的时间减少了 50%～75%。百分之百实现 CAD 的 BOM 以后,工程更改、评估和批准的平均时间减少了 38%。再以汽车厂商福特为例,开发 Mondeo 这款车节省了两亿美元的研发费用,缩短开发周期 13 个月,提高设计工程效率 25%。而对计算机硬盘厂商 Seagate 而言,数据存取时间从几天降至几分钟,并实现了从北美、欧洲到亚太地区的数据共享。航空轮胎厂商 Goodrich 采用 PLM 解决方案以后,原有的 40 多个企业信息化系统被 1 个取代,在单一Web 界面下实现了对原 4200 个用户自动化产品开发流程的系统监管协调,达到了实时获取系统数据的目的。

2.5.5　PLM 的建立方法

　　PLM 可保证将跨越时空的信息综合有机集成,以便在产品的全生命周期(见图 2-8)内,充分利用 ERP、CRM、SCM 等系统中的产品数据与智力资产。因此,为使 PLM 发挥出最大的系统化价值,必须考虑能否将 ERP、CRM、SCM 等综合有机集成后发挥最大效用。考虑到企业各自不同的特点及需求,这几个系统的规划建设需分清轻重缓急,并按照企业的具体需求选择最佳综合方案,即"统一规划,按需建设,重点受益"。

1. 基于企业资源规划 PLM 系统

1)物料需求规划与产品数据管理(MRP PDM)

根据 PDM 系统物料清单(BOM),MRP 系统分析确定需要自行创建的装备以及需要外

图 2-8　产品生命周期管理

购的材料,从而从根本上保证解决工程 BOM 和制造 BOM 的有机衔接问题。

2)人力资源与项目管理(HR project management)

在进行日常协调过程中,必须最大限度地利用企业内部资源进行相关人力资源及项目管理工作。

3)采购与项目管理(purchasing project management)

在设备制造过程中,需要购买原材料。在购买原材料过程中,必须具备采购订单生成的能力。这样,才能通过订单紧密跟踪财务预算数据详情。

4)财务与项目管理(financials program management)

监测预算、进行跨项目可行性预测必须依赖于相关的财务与项目管理软件。实施过程中,必须仔细审查每个项目的关键财务信息。如果当前成本不符合预期成本,当前时间进度不符合项目进度,则需重新利用软件分析规划。

5)生产管理与工程(production management engineering)

为了有效地沟通从工程研发到车间工作面的工程变更指令(ECO),产品数据需要在制造系统和 PMD 系统(经由 CAD 系统)之间流动起来。这将有助于减少不合格零件的生产。

2. 以供应链管理为出发点组成 PLM 系统

1)供应链规划与产品数据管理(supply chain planning PDM)

B2B(企业对企业)指令管理可以分析出供应链的隐藏成本。这就要求制造商有机连接 PDM 系统与供应链规划系统,从而详细了解某个工程变更指令的具体细节,进而精准预测供应链工程变更指令对下游环节的影响。工程变更指令所消耗的成本源于存货、制造、供应链规划和客户服务的不连续性。一旦使 SCP 和 PDM 环节有效打通,制造商便可基于"what-if"逻辑来分析工程变更指令的最佳引入时间。

2)生产规划与项目管理(production planning program management)

企业规划的各种项目使得企业便于从相关管理系统中提取重要数据,进而利用软件仿真的方法来提前预测问题出现的根源。基于此,制造商可以合理有效组织资源,计算分析总体成本,确定最佳的产品生产地点。

3) 资源获取与产品数据管理(sourcing PDM)

在准备建议需求的过程中,应该详细定义产品数据性能。如果仅凭软件配置管理(SCM)或供应商关系管理(SRM)系统,是无法获得相关的翔实信息的。为此,必须将资源获取与 PDM 进行有效地集成。

4) 资源获取与协同产品设计(sourcing collaborative product design)

获取资源时,可以提供完整的产品定义。这样,就可保证协同 B2B 产品设计的顺利实施。外协供应商投标项目过程中,可以将标准件资源与 PDM 无缝有机链接,从而在投标标准零部件的同时,结合自身独特技术优势和客户特殊需求,在产品设计制造过程中发挥自身优势。在这个过程中,OEM 厂商因共享了外协供应商的智力资源而获益匪浅。

5) 需求预测与产品组合管理(demand forecasting portfolio management)

新产品上市需要调拨拆分一定的产品零部件。根据市场分析数据,企业可以基于需求预测结果,对其不同的产品组合将会呈现的市场表现进行精准评估。

3. 以客户关系管理为出发点组成 PLM 系统

1) 市场分析与产品组合管理(marketing analytics portfolio management)

计划上市新产品以后,制造商需要利用市场分析软件对整个产品系统进行详细的技术分析,从而确定如何将新产品与现有产品的性能要求有效对接起来,并进一步考虑是否需要相关零部件的调拨使用。

2) 客户服务与产品数据管理(customer service PDM)

以往的产品服务数据十分重要,是制定后续管理服务策略的基础依据。如何将其与产品数据管理系统集成十分重要。只有有机高效集成,才能保证工程设计部可以利用这些产品设计信息进行设计工作。

3) 销售预测与项目管理(sales forecasting program management)

项目管理预测数据需要与销售和市场对接,才可以实现生产制造承诺。在按单设计过程中,不能一味承诺客户需求。为此,需要对销售进行精准预测,这需要实时获取项目执行过程中的信息。

4) 客户关系管理与客户需求管理(CRM customer needs management)

(1) 将客户的需求信息反馈到工程开发环境中实现客户化设计;

(2) 将销售数据生成销售指南使客户按预先配置购买产品;

(3) 批处理(例如消费品)时根据销售数据建立价格敏感模型进行效用分析。

5) 知识管理与产品组合管理(knowledge management portfolio management)

利用产品组合管理软件,可以分析产品为何在市场上存在。在这个过程中,需要使用专利、规则需求、测试等各种知识产权信息。因此,产品组合管理是企业智力资产的集散中心。

2.5.6 PLM 的发展趋势

PLM 在未来几年将围绕以下几个重要的方向发展:定制化的解决方案;高效多层次协同应用;多周期产品数据管理;知识共享与应用管理;数字化仿真应用普及。

1. 定制化的解决方案

为确保 PLM 的成功应用,必须要求软件供应商快速响应企业需求。只有做到了尽可能快速的响应,并保证合理的代价,才能使系统成功实施并向深入方向发展。基于此,必须要求 PLM 是可以提供定制化解决方案的。研究 PLM 的发展历程,可以发现其定制功能经历了缺乏可定制、模型可定制、模型驱动的构件可定制这一系列发展过程。随着企业理性的日益增长,PLM 必须积极响应企业对快速、稳定、安全且成本低廉的资产部署要求,并在此基础上,通过数据仿真模型和业务模型的运作来制定解决方案。不过,即便如此,PLM 也难以满足日益增长的企业个性化需求。所以,将来 PLM 发展的重点是能提供用户需求引导的最终产品形态配置解决方案。

2. 高效多层次协同应用

目前,PLM 的快速发展已涵盖产品市场需求、概念设计、详细设计、加工制造、售后服务、产品报废回收等全过程,同时与企业其他信息系统间实现了深度集成。PLM 系统现已在集团型企业内部实现了广泛使用,同时促进了产业链上下游企业间的协同。在这个过程中,会有产品阶段不同、参与人员组织不同等带来的协同问题。为此,只有实现高效的协同应用发展,优化具体的业务执行流程,才可保证提高工作效率,进而提高企业的利润回报。

3. 多周期产品数据管理

PLM 产品由 PDM 产品发展而来,并在企业应用过程中延伸到相关设计决策部门。由于企业对同一系统中的数据有不同的划分标准要求,因此同一产品数据会有不同的生命周期分析结果。

4. 知识共享与应用管理

知识管理系统能够把企业的事实知识(know-what)、技能知识(know-how)、原理知识(know-why)与公司数据库中的显性知识组织衔接起来。目前,企业的知识管理解决方案数量众多。

企业多年积淀的数据会随着时间的增加而增加,让这些知识在企业内部方便快捷地传播共享是非常重要的事情。

知识共享和应用过程中,首先要做到知识的有效获取,即数据挖掘整理必须落实到位。其次,需要做好知识的传播工作,即在 PLM 系统中有机融入体系化的理论知识,并利用 PLM 系统完成知识的传递,进而服务企业生产,减少不必要的重复劳动与探索。此外,通过知识的系统分类整理,可以形成体系化的企业知识管理流程规范,进而变成企业的无形资产。

5. 数字化仿真应用普及

企业对生产过程的仿真管理需求是不断增加的。全球三大 PLM 厂商,UGS-Tecnomatix、Dassault-Delmia、PTC-Polyplan,均形成了成熟的基于数字化仿真的制造过程解决方案,进而帮助企业节约产品研发成本及时间。

数字化仿真重点集中在产品生产制造和管理过程仿真两大环节上。目前,产品制造仿真以航空航天、汽车和电子等大型制造行业的应用为主。由于一款产品的研制时间较长,复杂度要求通常比较高,因此传统的生产流程会在产品形成和测试过程中耗费大量的人力和物力以完成验证工作,进而消耗了企业的大量成本,还存在多次测试才有一次成功的问题。基于数字化仿真技术,可以在计算机上完成测试验证工作,降低成本和时间消耗。

　　管理过程的仿真主要服务于管理者的新业务制定过程。如果按照传统的过程实施,会导致适应磨合时间较长,同时已有业务规则的调整也需要大量实际人员的参与,从而导致这一过程周期比较长。对于企业管理而言,这是一个重大的挑战。基于数字化仿真技术,管理者可以通过 PLM 系统仿真软件提供的算法完成相应流程的制定和执行过程,基于相关数据的生成来完善相关业务制定流程,并通过数值模拟仿真来发现问题、改进问题,进而节省制造管理成本,最终使整个管理过程精准可控。只有坚持以人为本的理念,并借助于先进的信息管理技术,才能切实有效地提高企业的管理水平。

　　目前,各主要 PLM 厂商重点关注产品生产制造的仿真研究,而管理过程的仿真研究相对发展不够成熟,而这也是将来 PLM 发展应用的热点。

课后思考题

　　1. 简述 ERP 的概念。ERP 包含哪些功能模块?

　　2. 简述 MES 的概念。它与 ERP 有何区别?

　　3. 简述 PDM 与 PLM 的区别。

第3章 工业电子技术

3.1 概述

教学课件

电子技术是根据电子学的原理,运用电子器件设计和制造某种具有特定功能的电路以解决实际问题的科学技术。电子技术实际上就是对电子信号进行处理的技术。电子技术从出现开始即迅速应用到各个领域。

电子技术在工业制造领域的广泛应用可以以第三次工业革命的开始为起点。20世纪70年代,可编程逻辑控制器(PLC)的诞生,标志着第三次工业革命的到来,即使用电子技术和IT技术实现制造自动化。制造业进入了以集中生产管理模式为主导的标准化大批量生产阶段,生产制造规模达到了空前的高度。

进入21世纪,科学技术以前所未有的速度飞速发展,为第四次工业革命的到来拉开了序幕,制造业即将步入智能制造时代。为了迎接新的工业制造时代的到来,不同国家都推出了相应的鼓励扶持政策,其中最具代表性的是德国的工业4.0,美国的工业互联网(industrial internet of things, IIoT),以及中国的智能制造。然而,对于新的制造模式的发展方向,各国基本达成了共识,未来的制造业将以信息技术与物理系统的深度融合为主要模式。对于智能制造,电子技术将发挥更大的作用,即电子技术与网络技术、数据技术、人工智能技术,以及传统的制造工业技术进行深度融合,构造智能制造系统,从而满足不断增长的多样化、个性化工业需求,提高生产效率与资源利用率。

现代工业电子技术直接影响着智能制造的方方面面,无法明确界定其具体的应用领域。从生产制造流程角度出发,智能制造系统的核心是智能工厂(smart factory),涉及生产设备、生产制造过程及生产管理。与传统工业的集中式制造模式恰恰相反,智能制造注重灵活性更强的去中心化制造,即在电子技术、网络技术及人工智能技术的帮助下,根据用户需求,灵活调度与调整生产过程。具体来说,智能制造的生产设备上嵌入了不同类型的智能传感设备,实现生产线的实时定位,以及生产数据的实时感知,再经过工业处理器实现生产数据的简单处理,通过网络实现生产数据的实时传送,起到对整个生产过程的精准监控以及远程协调作用。基于此,本章对工业电子技术的介绍主要从与智能工厂生产制造过程紧密相关的现代传感技术、嵌入式技术和制造物联网技术等几个方面展开。最后,本章给出了两个智能制造案例,进一步解读现代工业电子技术在智能制造过程中的应用及其对智能制造的影响。

3.2　现代传感技术

传感技术,也称作传感器技术,是研究传感器的材料、设计、工艺、性能和应用等的综合技术,它涉及传感器的信息处理和识别及其设计、开发、制造、测试、应用及评价改进等活动。传感技术作为信息获取技术,是现代信息技术的三大支柱之一,以传感器为核心逐渐外延,与测量学、电子学、光学、机械、材料学、计算机科学等多门学科密切相关,对高新技术极其敏感,是由多种技术相互渗透、相互结合而形成的新技术密集型工程技术,是现代科学技术发展的基础。随着现代科学技术的进步,现代传感技术与现代信息技术的另外两个支柱部分——信息传输技术、信息处理技术正逐渐融为一体,其内涵已发生深刻变化。

3.2.1　传感器

1. 传感器的概念

传感器是自动化检测技术和智能控制系统的重要部件,位于被测对象之中,在检测设备或者控制系统的前端,为系统提供准确可靠的原始信息。在以计算机为控制核心的智能系统中,计算机犹如人的大脑,执行机构相当于人的肌体,传感器就像人的鼻子、耳朵、眼睛等感觉器官。智能系统能够通过传感器"感知"外界信号,将这些信号送给计算机进行分析处理,再控制执行机构做出相应的"动作"。因此传感器是实现自动化检测和智能控制的首要器件。

传感器能直接感受到被测量的信息,并能将这些信息按一定规律变换成电信号或其他所需形式的可用信息输出,以满足信息的传输、处理、存储、显示、记录和控制等要求。传感器一般由敏感元件、转换元件、变换电路三部分组成,如图 3-1 所示。

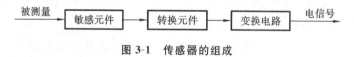

图 3-1　传感器的组成

其中,敏感元件用于直接感受被测量(大多为非电学量),并输出与被测量有确定关系的物理量信号;转换元件则将敏感元件输出的物理量信号转换为电量参数信号,转换元件决定了传感器的工作原理;变换电路把转换元件输出的电量参数信号转换为电信号。对于无源传感器,因其本身不是一个换能器,被测非电学量仅对传感器中的能量起控制或调节作用,所以它还必须具有辅助能源,即电源。

图 3-1 所示的组成形式具有普遍性,但并非所有的传感器结构都是如此。对于一些直接变换的传感器,其敏感元件和转换元件是合为一体的,比如热敏电阻可以直接感知温度并将其转换成相应的电阻阻值,通过变换电路就可以直接输出相应的电压信号。

2. 传感器的分类

对应不同的被测量,有着不同的传感器。传感器的检测对象有:力学量、热学量、流体学量、光学量、电学量、磁学量、声学量、化学量、生物量等。按照我国传感器分类体系表,传感器分为物理量传感器、化学量传感器以及生物量传感器三大类,下含 11 个小类,每小类又分为若干子类。

（1）物理量传感器：力学量传感器、热学量传感器、光学量传感器、磁学量传感器、电学量传感器、声学量传感器。

（2）化学量传感器：气体传感器、湿度传感器、离子传感器。

（3）生物量传感器：生化量传感器、生理量传感器。

以上是按照检测对象分类，常用的分类方法还有以下几种：

（1）按传感器输出信号性质分类，可分为模拟式传感器、数字式传感器；

（2）按传感器的结构分类，可分为结构型传感器、物性型传感器、复合型传感器；

（3）按传感器的功能分类，可分为单功能传感器、多功能传感器、智能化传感器；

（4）按传感器的转换原理分类，可分为机-电传感器、光-电传感器、热-电传感器、磁-电传感器、电化学传感器；

（5）按传感器的能量传递方式分类，可分为有源传感器、无源传感器。

3.2.2 典型的传感技术及传感器

传感器发展至今，大体可分为三代。

第一代是结构型传感器。它利用结构参量，如电阻、电容、电感等参量的变化来感受和转化信号。

第二代是 20 世纪 70 年代发展起来的固体型传感器。它由半导体、电介质、磁性材料等固体元件构成，利用材料的某些特性，如热电效应、霍尔效应、光敏效应等制成。

第三代传感器则是近年发展起来的智能化传感器。将传感器与微控制器结合起来，可以实现一定的人工智能。

下面对典型的传感技术及传感器做一些简要的介绍。

1. 电阻式传感技术

导体或半导体的电阻值是随其机械变形而变化的，这种物理现象通常称为金属应变效应或半导体压阻效应。金属材料的电阻值随应力产生的机械变形发生变化，这种现象称为金属应变效应。半导体材料的电阻率随应力产生的机械变形发生变化，这种现象称为半导体压阻效应。

根据这些效应将金属应变片或半导体应变片粘贴于被测对象上，被测对象受到外界作用产生的应变就会传送到应变片上使应变片的电阻值或电阻率发生变化。通过测量应变片电阻值的变化就可得知被测机械量的大小。

典型的电阻式传感器有电阻应变式传感器和固态压阻式传感器，前者主要应用在应力测量、力测量、压力测量等方面，后者主要应用在压力测量、加速度测量等方面。

2. 电容式传感技术

电容是电子技术的三大类无源元件（电阻、电感和电容）之一。利用电容的原理，将非电学量转换成电容量，实现非电学量到电学量的转化的器件或装置，称为电容式传感器。它实质上是一个具有可变参数的电容器。

由于材料、工艺、测量电路及半导体集成技术等方面已达到了相当高的水平，因此寄生电容的影响问题得到了较好的解决，使电容式传感器的优点得以充分发挥。电容式传感器的优点是测量范围大、灵敏度高、结构简单、适应性强、动态响应时间短、易实现非接触测量等,可以广泛地应用在压力、压差、振幅、位移、厚度、加速度、液位、物位、湿度和成分含量等测量之中。

3. 电感式传感技术

利用电磁感应原理将被测非电学量如位移、压力、流量、振幅等转换成线圈自感量或互感量,再由测量电路转换为电压或电流输出,这种装置称为电感式传感器。

电感式传感器具有结构简单、工作可靠、测量精度高、零点稳定、输出功率较大等优点。其主要缺点是灵敏度、线性度和测量范围相互制约,传感器自身频率响应低,不适用于快速动态测量。这种传感器能实现信息的远距离传输、记录、显示和控制,在工业自控系统中被广泛采用。

电感式传感器种类很多,典型的有自感式、互感式、电涡流式三种。自感式或互感式传感器主要应用在压力测量、压差测量、加速度测量、微压力测量等方面,电涡流式传感器则应用在厚度测量、表面探伤、安检、转速测量、转机在线监测等方面。

4. 压变式传感技术

压变式传感器是以某些物质的压变效应为基础的。

以压电效应为基础,在外力作用下,在电介质的表面产生电荷,从而实现非电学量测量的,称为压电式传感器,是典型的有源传感器。压电式传感器主要应用在压力测量、振动参数测量、加速度测量、切削力控制、玻璃破碎报警等方面。

以压磁效应为基础,把作用力的变化转换成磁导率的变化,并引起绕于其上的线圈的阻抗或电动势的变化,从而感应出电信号的,称为压磁式传感器,是典型的无源传感器。压磁式传感器主要应用在力测量、力矩测量、板材压辊装置等方面。

5. 磁电式传感技术

磁电式传感器是可以将各种磁场及其变化的量转变成电信号输出的装置。自然界和人类社会生活的许多地方都存在磁场或与磁场相关的信息。人工设置的永久磁体产生的磁场,可作为许多种信息的载体。因此,探测、采集、存储、转换、复现和监控各种磁场和磁场中承载的各种信息的任务,自然就落在磁电式传感器身上。

磁电式传感器是将磁信号转换成电信号或电学量的装置。利用磁场作为媒介可以检测很多物理量,如位移、振幅、力、转速、加速度、流量、电流、电功率等。磁电式传感器不仅可实现非接触测量,而且不从磁场中获取能量。

常用的磁电式传感器有磁电感应式传感器、磁栅式传感器、霍尔式传感器及各种磁敏元件等。磁电感应式传感器主要应用在转速测量、振动参数测量、扭矩测量、流量测量等方面,霍尔元件及霍尔式传感器主要应用在微位移测量、计数装置、转速测量、防盗报警、接近开关等方面。

6. 热电式传感技术

热电效应是指受热物体中的电子,随着温度梯度由高温区往低温区移动,会产生电流或电荷堆积现象。这种现象在金属导体中产生,为热电偶传感器;在半导体中产生,为热释电传感器。

作为热电式传感器代表的这两种传感器,在工业生产和民用设备中得到了广泛应用。热电偶传感器主要应用于点温度测量、温差测量、平均温度测量等,热释电传感器主要在红外探测相关应用场合中使用。

7. 热阻式传感技术

导体或半导体的电阻值随其温度变化而变化,这种物理现象通常称为热阻效应。金属材料的电阻值随温度的变化而变化,这种现象称为金属热阻效应。半导体材料的电阻率随温度的变化而变化,这种现象称为半导体热敏效应。

根据这些效应将金属热电阻或半导体热敏电阻放置于被测对象上,被测对象受到温度作用产生的变化就会使热电阻的电阻值或热敏电阻的电阻率发生变化。通过测量电阻值的变化就可得知被测温度的大小。

热电阻式传感器、热敏电阻式传感器主要应用在温度测量、温度补偿、过热保护、温度控制、液位报警等方面。

8. 光电式传感技术

光电式传感器是采用光电器件作为检测元件的传感器。光电器件是将光能转换为电能的一种传感器件,它是构成光电式传感器最主要的部件。光电器件响应快,结构简单,使用方便,而且有较高的可靠性,因此在自动检测、计算机和控制系统中,应用非常广泛。

光电式传感器一般由光源、光学通路和光电器件三部分组成。它首先把被测量的变化转换成光信号的变化,然后借助光电器件进一步将光信号转换成电信号。被测量的变化引起的光信号的变化可以是光源的变化,也可以是光学通路的变化,或者是光电器件的变化。

光电检测方法具有精度高、反应快、非接触等优点,而且可测参数多。光电式传感器的结构简单,形式灵活多样,包括光电传感器、光纤传感器、红外传感器、激光传感器、图像传感器等,在非接触的检测和控制领域内占据绝对统治地位。光电传感器主要应用在带材检测、烟尘测量、物位高度检测、火灾探测等方面,光纤传感器主要应用在压力测量、加速度测量、温度测量等方面,红外传感器主要应用在气体分析、无损探伤、温度测量、红外热成像仪等方面,激光传感器主要应用在长度检测、车速测量、短量程测距等方面,图像传感器则主要应用在数码相机、数字摄像机、尺寸检测、视觉测量等方面。

9. 半导体传感技术

半导体传感器是利用半导体性质易受外界条件影响这一特性制成的传感器。

根据检测对象,半导体传感器可分为物理传感器(检测对象为光、温度、磁场、压力、湿度、颜色等)、化学传感器(检测对象为气体分子、离子、有机分子等)、生物传感器(检测对象为生物化学物质)。典型的半导体传感器中,气敏传感器主要应用在酒精测试、可燃气体探测、空气净化、火灾报警、氧含量分析等方面,湿敏传感器主要应用在湿度测量、自动去湿等方面,色敏传感器则应用在颜色识别等方面。

10. 波式传感技术

超声波传感器是利用超声波的特性研制而成的传感器。微波传感器是利用微波特性来检测一些物理量的器件。它们都是利用波的某些特性,如传播、衰减特点,折射、反射现象,多普勒现象等工作的。

超声波传感器主要应用在物位测量、流量测量、厚度测量、材料探伤等方面,微波传感器主要应用在温度测量、湿度测量、厚度测量等方面。

11. 数字传感技术

前面所涉及的传感器均属于模拟式传感器。这类传感器将诸如应变、压力、位移、温度、加速度等被测参数转变为电模拟量(如电流、电压)而显示出来。因此,若要用数字显示,就要经过 A/D 转换,这不但增加了投资,而且增加了系统的复杂性,降低了系统的可靠性和精确度。

数字式传感器则有精确度和分辨率高、抗干扰能力强、便于远距离传输、信号易于处理和存储、稳定性好,可以减少读数误差,易于与计算机接口相连接等优点。

常用数字式传感器有编码器、光栅传感器、磁栅传感器、容栅传感器等,它们主要在直线位移和角位移测量中应用。

12. 智能传感技术

将传感器与微处理器相结合,产生了具有人工智能的智能化传感器,其基本结构如图 3-2 所示。

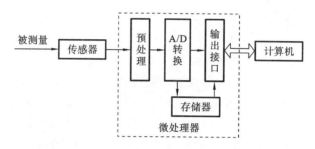

图 3-2 智能化传感器基本结构

由于微处理器具有运算、控制、存储的功能,智能化传感器可以在上电时进行自诊断,找出发生故障的器件;可以通过反馈回路对传感器的非线性、温度漂移、时间漂移等实现实时反馈,进行自动补偿;可以利用微处理器自带的 A/D 转换模块将模拟信号转换为数字信号;可以利用微处理器中植入的软件实现传感数据的分析、预处理和存储;还可以配合无线接口或以太网接口,完成智能化传感器与远程控制中心在传感器网络中的双向通信,不仅能够实现远程控制传感器,远程接收传感数据,而且能够进行在线校准等。

因此,智能化传感器不仅能在物理层面上检测信号,而且能在逻辑层面上对信号进行分析、处理、存储和通信,相当于具备了人类的分析、思考、记忆和交流的能力,即具备了人类的智能。

实现传感器智能化,让传感器具备记忆、分析和思考能力,有三条不同的途径:一是利用计算机合成方式,称作智能计算型;二是利用具有特殊功能的材料,称作智能材料型;三是利用功能化几何结构,称作智能结构型。

随着智能传感技术的发展,测量问题会变得更为复杂,从检测技术角度而言,原有的简单的检测和测量方式必定要被新的方法取代。而新的方法,主要是在微处理器、计算机的硬件或软件基础上,充分利用适当的数学工具、人工智能、参数或状态的估计、识别技术而发展起来的,用来有针对性地解决一些原来难以解决的问题。检测领域的新技术主要包括软测量技术、虚拟仪器技术、模糊传感器技术、多传感器数据融合技术、网络传感器技术等。这些检测领域的新技术,都是在试图解决传统的测量方式难以解决的、复杂的测量问题中提出的一系列问题,因此它们往往相互关联,又各有侧重。

3.2.3　现代传感技术的发展趋势

随着大规模集成电路技术、微型计算机技术、信息处理技术以及材料科学等现代科学技术的高速发展,综合各种先进技术的传感技术,进入一个前所未有的发展阶段,其发展趋势如下。

1. 寻找新原理,开发新材料,研究新型传感器

随着传感器技术的发展,除了早期使用的材料,如半导体材料、陶瓷材料以外,光导纤维、纳米材料、超导材料等相继问世。随着研究的不断深入,人们将进一步探索具有新效应的敏感功能材料,通过微电子、光电子、生物化学及信息处理等各种学科、各种新技术的互相渗透和综合利用,研制开发具有新原理、新功能的新型传感器。

2. 向高精度发展

随着自动化生产程度的不断提高,对传感器的要求也在不断提高。必须研制出灵敏度高、精确度高、响应速度快、互换性好的新型传感器以确保生产自动化的可靠性。

3. 向高可靠性、宽温度范围发展

传感器的可靠性直接影响测量设备的性能,研制高可靠性、宽温度范围的传感器将是永久性的方向。

4. 向集成化、多功能化发展

集成化技术包括传感器与集成电路(IC)的集成制造技术及多参量传感器的集成制造技术,缩小了传感器的体积,提高了其抗干扰能力。在通常情况下,一个传感器只能用来探测一种物理量,但在许多应用领域中,为了能够完整而准确地反映客观事物和环境,往往需要同时测量大量的物理量。由若干种敏感元件组成的多功能传感器则是一种体积小而多种功能兼备的新一代探测系统,它可以借助敏感元件中不同的物理结构或化学物质及其各不相同的表征方式,用一个传感器系统来同时实现多种传感器的功能。

5. 向微型化发展

各种测量控制仪器设备的功能越来越多,要求各个部件体积越小越好,因而传感器本身的体积也是越小越好。微米、纳米技术的问世,以及微机械加工技术,包括光刻、腐蚀、淀积、侵合和封装等工艺,为微型传感器的研制创造了条件。现已制造出体积小、重量轻(体积、重量仅为传统传感器的几十分之一甚至几百分之一)、精度高、成本低的集成化敏感元件。

6. 向微功耗及无源化发展

传感器一般都是将非电学量向电学量转化,工作时离不开电源,在野外现场或远离电网的地方,往往是用电池供电或用太阳能供电。开发微功耗的传感器及无源传感器是必然的发展方向,这样既可以节省能源又可以延长系统寿命。

7. 向数字化和智能化方向发展

数字技术是信息技术的基础,数字化又是智能化的前提,智能化传感器离不开传感器的数字化。智能化传感器由多个模块组成,其中包括微传感器、微处理器、微执行器和接口电路,它们构成一个闭环系统,有数字接口与更高一级的计算机控制相连,利用专家系统等智能算法为传感器提供更好的校正与补偿。如果通过集成技术进一步将上述多个相关模块全部制作在一个芯片上形成单片集成块,就可以形成更高级的智能化传感器。智能化传感器功能更多,精度和可靠性更高,优点更突出,应用更广泛。

8. 向网络化发展

大量传感器利用多种组网技术、多传感器数据融合技术、物联网技术等构成分布式、智能化信息处理系统,以协同的方式工作,能够从多种视角,以多种感知模式对事件、现象和环境进行观察和分析,获得丰富的、高分辨率的信息,极大地增强了传感器的探测能力,是近几年来的新的发展方向。其应用已由军事领域扩展到反恐、防爆、环境监测、医疗保健、家居、商业、工业等众多领域,有着广泛的应用前景。

3.3 嵌入式技术

基于嵌入式芯片的工业自动化设备获得长足发展,目前已经有大量的 16 位、32 位、64 位嵌入式微控制器在应用中,涉及工业过程控制、数控机床、电力系统、电网安全、电网设备检测、石油化工系统等领域。随着嵌入式技术的发展,32 位和 64 位处理器逐渐成为工业控制设备的核心。

3.3.1 处理器概述

中央处理器(central processing unit,CPU)是一块超大规模的集成电路,是一台计算机的运算核心和控制核心。中央处理器主要包括算术逻辑单元(arithmetic logic unit,ALU)、控制单元(control unit,CU)和寄存器组(register section,RS)。它与存储器(memory)和输入/输出(I/O)设备合称为计算机的三大核心部件。它的功能主要是解释计算机指令以及处理计算机软件中的数据。

CPU 控制整个计算机,它从存储器中取出指令,对指令译码并且控制整个执行过程。它执行一些内部操作,并提供必要的地址、数据和控制信号给存储器和 I/O 设备来执行指令。除非 CPU 被激发,否则计算机中什么事情都不会发生。CPU 的内部组成如图 3-3 所示。

CPU 的速度和效率是至关重要的。速度影响用户体验,而效率影响电池寿命。完美的设备是高性能和低功耗相结合的。CPU 从发明到现在,有多种架构,从最基本的逻辑角度来分类的话,可以被分为两大类,即基于复杂指令集(CISC)系统与精简指令集(RISC)系统的架构。X86 架构是典型的使用 CISC 系统的 CPU 架构,多用于笔记本电脑、台式计算机、小型服务器等桌面级设备;ARM 架构是典型的使用 RISC 系统的 CPU 架构,多用于手机、平板、智能手表等移动端设备。X86 和 ARM 的第一个区别就是,前者使用复杂指令集,而后者使用精简指令集。

表 3-1 所列为复杂指令集和精简指令集的对比。下面举一个有趣的例子来说明二者的不同。比如我们要命令一个人吃饭,那么我们应该怎么下命令呢? 我们可以直接对他下达

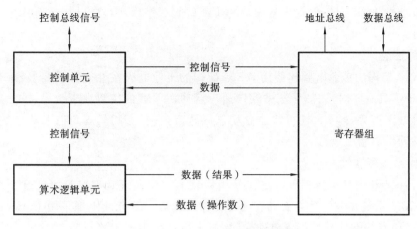

图 3-3　CPU 内部组成示意图

"吃饭"的命令,也可以命令他"先拿勺子,舀起一勺饭,然后张嘴,将饭送到嘴里,最后咽下去"。从例子中可以看出,对于命令别人做一件事情,不同的人有不同的理解。有人认为,如果我首先给接受命令的人以足够的训练,让他掌握各种复杂技能(即在硬件中实现对应的复杂功能),那么以后就可以用非常简单的命令让他去做很复杂的事情——比如只要说一句"吃饭",他就会吃饭。但是也有人认为这样会让事情变得太复杂,毕竟接受命令的人要做的事情很复杂,如果你这时候想让他吃菜怎么办?难道继续训练他吃菜的方法?我们可以把事情分为许多非常基本的步骤,这样接受命令的人只需要懂得很少的基本技能,就可以完成同样的工作,无非是下达命令的人稍微累一点——比如现在要他吃菜,只需要把刚刚吃饭命令里的"舀起一勺饭"改成"舀起一勺菜",问题就解决了,多么简单。这就是"复杂指令集"和"精简指令集"的逻辑区别。

表 3-1　CISC 和 RISC 的对比

指　令　集	CISC	RISC
名称	复杂指令集	精简指令集
提出时间	1964 年	20 世纪 70 年代
指令结构	复杂	简单
目标	机器指令设计尽力接近高级语言的语句,使编译过程简单	采用更简单和统一的指令格式,固定的指令长度及优化的寻址方式
性能	RISC 处理器比同等的 CISC 处理器性能高 50%～75%	
代表芯片	Intel 奔腾处理器	Samsung、TI、NXP 中央处理器

　　而 ARM 与 X86 架构在嵌入式市场对决的主战场——工业 4.0 中,哪个又更有优势呢?从 51 单片机到 ARM 中央处理器,嵌入式微控制领域不断更替交叠,伴随而来的是技术的不断发展和生产力水平的不断提高。目前在工业控制系统中大量应用了嵌入式 ARM,如在工业过程控制、电力系统、石油化工、数控机床等方面,ARM 嵌入式系统的发展促进了工业控制自动化程度的提高。多方业内人士表示,ARM 会是趋势,未来嵌入式市场可能会形

成中高端市场由 X86 主导,低端市场由 ARM 蚕食的双雄格局。可以从以下几个方面来进行对比分析。

1. 运算性能

使用 X86 架构的工业电脑比使用 ARM 架构的工业电脑在性能方面要好,综合运算能力强,但由于不具有实时系统,无法做到快速零启动;ARM 的优势在于效率,虽然在完成综合性工作时处于劣势,但 ARM 可快速启动进入状态,在任务相对固定的工业应用场合,其优势就能发挥得淋漓尽致。

2. 操作系统兼容性

几乎所有 X86 硬件平台都可以直接使用微软的视窗系统及现在流行的几乎所有工具软件,所以 X86 系统在兼容性方面具有无可比拟的优势;ARM 几乎都采用 Linux 的操作系统,而且几乎所有的硬件系统都要单独构建,与其他系统不能兼容,这也导致其应用软件不方便移植,也制约了 ARM 的发展和应用。

3. 系统安全性

由于 Windows 软件平台的高兼容性,软件病毒容易侵入,引起计算机蓝屏或者死机,危害系统数据安全;而 Linux 系统为开放源代码构架,用户可以找出系统所存在的安全问题,并采取相应的防范措施以应对潜在的安全威胁。

4. 系统功能

X86 硬件资源一般不接受客户的个性化定制,定制化程度低,多作为整机销售,容易对客户造成接口资源浪费;嵌入式 ARM 产品多为定制化产品,可根据客户具体需求开放接口资源,为客户提供更优质的方案。

5. 二次开发

X86 硬件多为高速信号,各种接口工控扩展需要复杂的电路设计及高难度的 PCB(印制电路板)设计,硬件的高度集成,导致扩展电路复杂难懂,稳定性难以保证;ARM 硬件设计简单,CPU 集成多种接口功能,设计开发难度低,常规电子工程师就能完成 ARM 工控板的二次开发,且稳定性高。

6. 生产工艺

X86 主频高、高频信号多,而工业现场对电磁兼容性、电磁干扰要求较苛刻。高频信号同时导致功耗较大,进而对生产工艺提出高要求,目前如奔腾 4 的晶体管数超过 4000 万,生产上也需采用最先进的 0.13 μm 工艺,只有 Intel 等少数公司有这样的设计和生产能力。ARM 的架构功能简单,电磁兼容性(EMC)保护等级较高,对半导体生产工艺的要求较低,多数不必采用最先进、昂贵的半导体工艺,解决了国内半导体生产能力不足的问题。

7. 工业品质

X86 工控机主要应用领域为商用和家用行业,相对于民用来讲,工业控制对嵌入式系统各方面的要求相对较高,工业生产现场可能是高温、高压、易燃易爆、高噪声、高电磁辐射、带有腐蚀性气体或液体等的极其恶劣的环境,若处理不当或不及时,随处隐藏着可能酿成重大安全事故的隐患。ARM 核心板和工控整板都完全符合工业级要求,工作温度可在 $-40\sim$ 85 ℃,在高温高压密封容器、高速运转机器、高强度作业机械等领域得到了事实验证。

3.3.2 工业处理器介绍

根据 CPU 架构的不同,可以将目前工业上常见的处理器分为五大类,如表 3-2 所示。Intel 和 AMD 的 X86 架构都是基于 CISC 的,包括 X86 和 X86-64;Atom 是 X86 或者是 X86 指令集的精简版。而基于 RISC 指令集的处理器包括 ARM 架构、MIPS 架构、IBM 的 PowerPC 架构、SUN 的 Ultra SPARC 架构。

表 3-2　处理器架构

指　令　集	架　　构	厂　　商
CISC	X86/Atom 架构	Intel、AMD
RISC	ARM 架构	ARM
	MIPS 架构	MIPS
	PowerPC 架构	IBM
	Ultra SPARC 架构	SUN

1. X86 架构工业处理器

(1) Intel 工控器。近半个世纪以来,Intel®(英特尔)一直向工业客户供应领先的计算解决方案。英特尔提供可靠的解决方案来应对现代工厂和过程自动化以及新兴的物联网和工业 4.0 基础设施。Intel 最新工控处理器有:至强®处理器 D-1500 产品系列、Quark™ SoC X1000 系列、奔腾®和赛扬®处理器 N3000 产品家族、凌动®X5-E8000 处理器、凌动®X5-Z8350 处理器、凌动™处理器 E3800 产品系列、赛扬®处理器 N2807/N2930/J1900、基于 Haswell 架构的第四代酷睿™处理器、基于移动式 U 处理器系列的第五代智能酷睿™处理器以及工控 FPGA 芯片。

(2) AMD 工控器。AMD 正在为新一代自动化工厂的建立铺平道路。借助面向多种应用的解决方案,客户能够在未来实现无缝式运行,确保在员工与周围的技术设备进行更自然、更直观交互的同时提升生产力。采用 X86 架构,兼容 PC,可原生支持 Microsoft® Windows、Linux®和多种主流实时系统和经过安全认证的操作系统。例如:AMD 锐龙嵌入式 V 系列主要用于高端工业计算机,AMD 嵌入式 G 系列主要应用于工业级计算机。

2. ARM 架构处理器

ARM 架构过去称作进阶精简指令集机器(advanced RISC machine),是一个 32 位精简指令集处理器架构,目前也有 64 位处理器架构。其广泛地应用在许多嵌入式系统设计中。由于具有低功耗的特点,ARM 架构处理器非常适用于移动通信领域,符合其主要设计目标为低耗电的特性。

在今日,ARM 家族占了所有 32 位嵌入式处理器 75%的比例,成为全世界占比最大的 32 位架构之一。ARM 架构处理器可以在很多消费类电子产品上看到,从可携式装置(PDA、移动电话、多媒体播放器、掌上电子游戏机和计算机)到电脑外设(硬盘、桌上路由器),甚至在导弹的弹载计算机等军用设施中都有。还有一些基于 ARM 设计的派生产品,包括 Marvell 的 XScale 架构和德州仪器的 OMAP 系列中也包含 ARM 架构处理器。

ARM 公司的经营模式在于出售其知识产权核(IP core),授权厂家依照设计制作出建构于此核的微控制器和中央处理器。许多半导体公司持有 ARM 授权,如 Atmel(爱特梅尔)、Broadcom(博通)、Freescale(飞思卡尔)、Qualcomm(高通)、富士通、英特尔、IBM(国际商业机器公司)、英飞凌科技、恩智浦半导体、三星电子、Sharp(夏普)、STMicroelectronics(意法半导体)、TI(德州仪器)、MediaTek. Inc(联发科)等,许多公司拥有不同形式的 ARM 授权。由于基于 ARM 的工控处理器太多,这里就不一一列举了。目前嵌入式工控处理器主要基于 ARM Cortex-A 系列,或者是各授权公司基于 ARM 架构设计和研发的新架构。

3. PowerPC 架构

PowerPC(performance optimization with enhanced RISC - performance computing,有时简称 PPC)是一种基于精简指令集架构的中央处理器。其基本的设计源自 IBM 的 POWER(performance optimized with enhanced RISC)架构,POWER 是 1991 年,由 Apple(苹果)、IBM、Motorola(摩托罗拉)组成的 AIM 联盟设计和研发的微处理器架构。IBM Power System E850C、E870C 和 E880C 企业服务器旨在提供最高级别的性能,包括可靠性、可用性、灵活性等,可提供世界级企业私有云和混合云基础架构。

当前,PowerPC 体系结构家族树有两个活跃的分支,分别是 PowerPC AS 体系结构和 PowerPC Book E 体系结构。PowerPC AS 体系结构是 IBM 为了满足它的 eServer pSeries UNIX 和 Linux 服务器产品家族及它的 eServer iSeries 企业服务器产品家族的具体需要而定义的。PowerPC Book E 体系结构,也被称为 Book E,是 IBM 和 Motorola 为满足嵌入式市场的特定需求而合作推出的。PowerPC AS 所采用的原始 PowerPC 体系结构与 Book E 所采用的扩展体系结构之间的主要区别大部分集中于 Book Ⅲ 区域。

4. MIPS 架构

MIPS 是世界上很流行的一种 RISC 处理器。MIPS(microprocessor without interlocked piped stages)的意思是无内部互锁流水级的微处理器,其机制是尽量利用软件办法避免流水线中的数据相关问题。它最早是在 20 世纪 80 年代初期由斯坦福(Stanford)大学 Hennessy 教授领导的研究小组研制出来的。MIPS 公司的 R 系列就是在此基础上开发的 RISC 工业产品的微处理器。这些系列产品被很多计算机公司采用,构成各种工作站和计算机系统。

MIPS 提供全面的低功耗、高性能的 32 位和 64 位处理器 IP 内核,包括高端移动应用处理器,以及用于深度嵌入式微控制器的超小型内核。用于工业应用的处理器包括战士 Warrior I 级,如 I-Class I6500/ I6500 和 I-Class I6400 等。

随着人工智能技术的应用,工业处理器所需的计算性能水平要高得多,并且正在通过专用加速器和基于通用 CPU 的计算能力的组合来解决这一问题。高性能的多处理器系统是必需的。在诸如汽车和工业市场等领域,功能安全性也至关重要,这些系统必须在系统级设计,并具有高度的冗余度。系统的设计必须符合功能安全的行业标准,包括汽车的 ISO 26262 和工业应用的 IEC 61508。MIPS I6500-F 是 MIPS CPU 产品线中最新的 IP 内核,基于经过验证和备受推崇的 MIPS64 架构,提高了现有可授权内核的多样性和可扩展性,以满足新兴自治的功能安全和性能要求。

我国唯一自主研发和设计的 CPU 称为龙芯,它就是基于 MIPS 架构的。龙芯处理器产品包括龙芯 1 号、龙芯 2 号、龙芯 3 号三大系列,涵盖小、中、大三类 CPU 产品。为了将国家重大创新成果产业化,龙芯开发者努力探索,在国防、政府、教育、工业、物联网等行业取得了重大市场突破。目前龙芯处理器产品在各领域广泛应用。在安全领域,龙芯处理器已经通过了严格的可靠性实验,作为核心元器件应用在几十种不同型号的系统中。2015 年龙芯处理器成功应用于北斗二代导航卫星。在通用领域,龙芯处理器已经应用在个人计算机、服务器及高性能计算机、行业计算机终端以及云计算终端等方面。在嵌入式领域,基于龙芯CPU 的防火墙等网安系列产品已达到规模销售;龙芯处理器应用于国产高端数控机床等系列工控产品,显著提升了我国工控领域的自主化程度和产业化水平。龙芯提供的 IP 设计服务在国产数字电视领域也与国内多家知名厂家展开合作,其 IP 授权已达百万片以上。其工控板卡种类也很丰富,如:2HCPCI、3A2000 模块、3A+2H COME、3A+2HCPCI 等。

5. Ultra SPARC 架构

Ultra SPARC 架构为可扩充处理器架构(scalable processor architecture),是 RISC 微处理器架构之一。它最早于 1985 年由 SUN 公司所设计,也是 SPARC 国际公司的注册商标之一。这家公司于 1989 年成立,其目的是向外界推广 SPARC,以及为该架构进行符合性测试。此外该公司为了推广 SPARC 设计的生态系统,也把标准开放,并授权给多家生产商,包括德州仪器、Cypress 半导体、富士通等使用。由于 SPARC 架构对外完全开放,因此也出现了完全开放原始码的 LEON 处理器,这款处理器以 VHDL 语言(超高速集成电路硬件描述语言)写成,并采用 LGPL(公共许可协议)授权。2009 年 4 月甲骨文 Oracle 公司收购了 SUN 公司,并提供智能互联工厂等工业解决方案。

3.3.3　嵌入式系统

与通用计算系统相比,嵌入式系统本质上是瞄准高端领域和专业应用的;也就是说,嵌入式系统特别设计用于特定领域的特定应用集合,如消费类电子产品、电信、汽车、工业控制、测量系统等。

嵌入式系统是一种电气/电子机械系统,旨在满足特定领域的应用需求。它是专用硬件与固件(即软件)的组合,通过裁剪来满足特定的应用需求。嵌入式系统包括处理单元、I/O子系统、板上通信接口与外部通信接口,以及其他监测系统与支撑单元。其中,处理单元可以是微处理器、微控制器、片上系统(system on chip,SoC)、专用集成电路(application specific integrated circuit,ASIC)、专用标准产品(application specific standard product,AS-SP)、可编程逻辑器件(programmable logic device,PLD)如 FPGA、CPLD 等;I/O 子系统有助于传感器和激励器的接口连接,用作嵌入式系统与外界(real world)交互消息的接口;板上通信接口与外部通信接口则是各个子系统之间的通信接口,这些子系统包括构建嵌入式系统的各种板上子系统、芯片,以及与嵌入式系统交互的外部系统;其他监测系统与支撑单元能够启动并监测嵌入式系统的功能,比如看门狗定时器、复位电路、欠压保护电路、稳压电源单元、时钟生成电路等。

嵌入式系统设计由两个方面组成:一方面是硬件设计,包括处理单元、各种 I/O 子系统、通信接口的选型,以及各部分之间的相互连接;另一方面是固件设计,包括各种子系统的配置、数据通信与处理/控制算法等。

根据嵌入式系统设计的响应时间需求和应用类型,嵌入式系统可以分为实时系统与非实时系统。实时系统的响应时间需求是至关重要的,比如汽车的驾驶控制系统和安全气囊展开系统等,在硬件设计与固件设计过程中必须考虑其响应时间需求;非实时系统的响应时间需求则没那么重要,比如自动取款机和媒体播放系统等。

3.3.4 嵌入式技术的应用

1. 智能制造的物联网工业解决方案

基于 Intel 物联网处理器的智能制造解决方案,可将生产线生成的庞大数据集可视化,以减少停机,增加产出,提高资产使用效率。例如:车间的员工、工具、机器和小部件都携带大量信息,充分利用这些数据可以大大改善运营状况。新汉(中国)有限公司利用 Intel® IoT 运算平台开发了工厂智能制造解决方案,如图 3-4 所示。

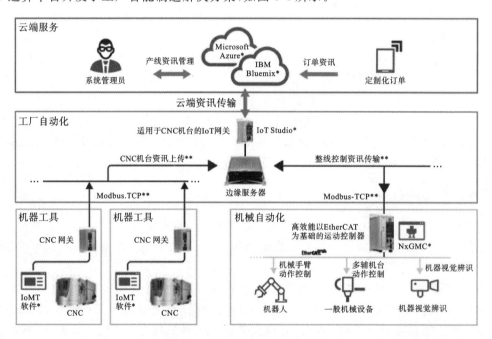

图 3-4 工厂智能制造解决方案

2. ARM 提供汽车智能化解决方案

汽车是许多人购买的最复杂的设备之一,很快有超过 100 个电子控制单元(ECU)成为大多数车辆的常态。超过 85% 的信息娱乐系统和许多引擎盖下的应用都采用 ARM 芯片,利用高性能计算和网络平台设计技术,实现先进的驾驶辅助和自主操作。先进的增强现实和虚拟现实技术,也将越来越普遍地用于增强驾驶员与车辆的交互。汽车工程师关心能耗的两个关键方面:热管理和效率。控制车辆操作的芯片通常深深植入难以降温的区域。ARM 技术能在严格的热限制条件下提供高性能计算。汽车系统的故障可能会危及生命,ARM 处理器在汽车行业的应用提高了防抱死制动系统(ABS)和安全气囊等的安全性。高级驾驶辅助系统(ADAS)和自动驾驶系统必须既安全又可靠。ARM 制定了标准和流程,以确保电子设备即使在发生故障时也能以安全的方式继续运行。

3.4 制造物联网技术

3.4.1 物联网概述

物联网(the internet of things,IoT),是通过射频识别(radio frequency identification devices,RFID)读写器、红外感应器、全球定位系统、激光扫描器、气体感应器等信息传感设备,按约定的协议,把任何物品与互联网连接起来,进行信息交换和通信,以实现智能化识别、定位、跟踪、监控和管理的一种网络。简而言之,物联网就是"物物相连的互联网"。因此,物联网的核心和基础仍然是互联网,它是在互联网的基础上延伸和扩展的网络,其用户端延伸和扩展到了任何物品与物品之间。

1. 物联网的特征

物联网具备三个特征,分别是全面感知、可靠传递、智能处理。全面感知是指利用 RFID、传感器、定位器和二维码等随时随地获取物体的信息。可靠传递是指通过无线通信网络与互联网融合,将获取的物体信息实时、准确地传递出去。智能处理是指利用云计算、数据处理、数据管理等智能计算技术,对收到的实时海量数据进行分析和处理,实现智能化决策和控制。

2. 物联网的架构

物联网作为一个系统网络,其架构由感知层、网络层、应用层三部分组成,如图 3-5 所示。

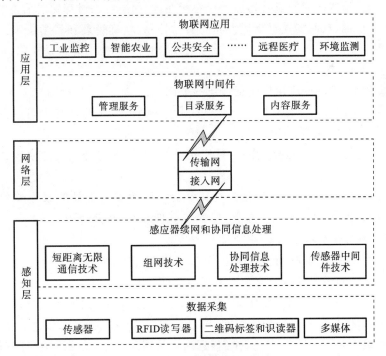

图 3-5 物联网架构示意图

感知层位于最底层,由传感器和传感器网络组成,可随时随地获取物体的信息。感知层是物联网的核心,是信息采集的关键部分。感知层由基本的感应器,如 RFID 读写器、二维码标签和识读器、摄像头、GPS、传感器、M2M 终端、传感器网关等,以及感应器所组成的网络,如 RFID 网络、传感器网络等两大部分组成。感知层相当于人的皮肤和五官,用于识别物体和采集信息。感知层所需要的关键技术包括检测技术、短距离无线通信技术、射频识别技术、新兴传感技术、无线网络组网技术、现场总线控制技术等,涉及的核心产品包括传感器、电子标签、传感器节点、无线路由器、无线网关等。

网络层位于中间层,主要由移动通信网和互联网组成,将物体的信息准确、实时地传送出去。网络层相当于人的神经中枢系统,负责将感知层获取的信息,安全可靠地传输到应用层。网络层包含接入网和传输网,分别实现接入功能和传输功能。传输网由公网和专网组成,典型的传输网包括电信网(固网、移动通信)、广电网、互联网、电力通信、专用网(数字集群)。接入网包括光纤接入、无线接入、以太网接入、卫星接入等各类接入方式,实现底层的传感器网络、RFID 网络最后 1 km 的接入。网络层基本综合了已有的全部网络形式,来构建更加广泛的互联。每种网络都有自己的特点和应用场景,互相组合才能发挥出最大的作用,因此在实际应用中,信息往往经由任何一种或者几种网络的组合的形式进行传输。对现有网络进行融合和扩展,利用新技术,如 4G/5G 通信网络、IPv6、Wi-Fi、WiMAX、蓝牙、ZigBee 等,以实现更加广泛和高效的互联功能。

应用层位于最上层,用于对得到的信息进行智能运算和智能处理,实现智能化识别、定位、跟踪、监控和管理等实际应用。其功能为处理,即通过云计算平台进行信息处理。应用层与感知层一起,是物联网的显著特征和核心所在,应用层可以对感知层采集的数据进行计算、处理和知识挖掘,从而实现对物理世界的实时控制、精确管理和科学决策。应用层的核心功能围绕两方面:一是数据,应用层需要完成数据的管理和处理;二是应用,将这些数据与各行业应用相结合。

从结构上划分,物联网应用层包括以下三个部分:

① 物联网中间件:一种独立的系统软件或服务程序。中间件将各种可以共用的能力进行统一封装,提供给物联网应用使用。

② 物联网应用:用户直接使用的各种应用,如智能操控、安防、电力抄表、智能农业、远程医疗等。

③ 云计算:助力物联网海量数据的存储和分析。依据云计算的服务类型可以将其分为:基础架构即服务(IaaS)、平台即服务(PaaS)、软件即服务(SaaS)。

3. 物联网系统的基本组成

从不同的角度来看,物联网会有很多类型,不同类型的物联网,其软硬件平台组成也会有所不同。其系统的组成可以分为硬件系统与软件系统。

物联网是以数据为中心的面向应用的网络,主要完成信息感知、数据处理、数据回传、决策支持等功能,其硬件平台可以由传感网、核心承载网和信息服务系统等几个大部分组成。系统硬件平台组成如图 3-6 所示。其中,传感网包括感知节点(数据采集和控制)、末梢网络(汇聚节点、接入网关等);核心承载网为物联网业务的基础通信网络;信息服务系统硬件设施主要负责信息的处理和决策支持。

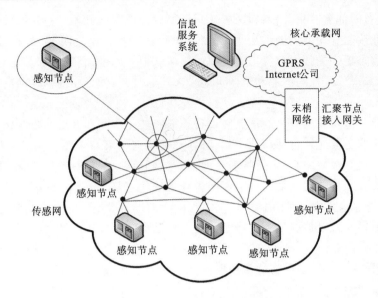

图 3-6　系统硬件平台组成示意图

物联网软件部分包括系统软件和应用软件两大类。常见的物联网系统软件包括物联网中间件(接口软件)和物联网操作系统。常见的物联网应用软件运行于手机端、电脑端或管控中心服务器(云端)。物联网应用软件开发可以借助第三方物联网云平台加快进度。

3.4.2　制造物联网概述

大部分学者认同的制造物联网概念为:将网络、嵌入式、RFID、传感器等电子信息技术与制造技术相融合,实现对产品制造与服务过程及全生命周期中制造资源与信息资源的动态感知、智能处理与优化控制的一种新型制造模式。智能制造领导联盟从工程角度出发,认为制造物联网是高级智能系统的深入应用,即从原材料采购到成品市场交易等各个环节的广泛应用,为跨企业(公司)和整个供应链的产品、运作和业务系统创建一个知识丰富的环境,以实现新产品的快速制造、产品需求的动态响应及生产制造和供应链网络的实时优化。

制造物联网系统是基于制造业的生产物联网系统解决方案,通过向制造工厂提供专业化、标准化和高水准的系统平台及解决方案,将企业信息化延伸至生产车间,直达最底层的生产设备,从而构建起数字化透明工厂,使生产制造不再盲目进行。制造物联网系统的实时监控和预报警机制弥补了企业管理资源的不足,其详尽的原始数据经提炼应用可以帮助制造企业快速、大幅度地降低制造成本,持续地提高管理水平、经营绩效和综合竞争力,实现传统制造业的转型升级。

制造企业普遍认同制造物联网的重要性,但尚未形成清晰的物联网战略。Deloitte 2016 年的调查显示,89%的受访企业认同在未来 5 年内制造物联网对企业的成功至关重要,72%的企业已经在一定程度上开始应用制造物联网,但仅有 46%的企业制定了比较清晰的制造物联网战略和规划。与物联网在消费领域近乎从零开始的情况不同,传感器、PLC等物联网技术已经在工业领域存在了几十年。这也是多数受访企业认为自己已经在一定程度上开始应用制造物联网的原因。但目前制造企业物联网应用主要集中于感知,即通过硬件、软件和设备的部署收集并传输数据,这只是物联网应用的开始。更深层次的制造物联网应用需要企业改变利用数据的方法——从"后知后觉"到"先见之明"。企业需要思考:利用从各种传感器采集到的数据解释历史业绩的规律和根本原因,利用数据驱动后台、中间和前台业务流程,未来什么样的产品和服务可能带来新的收入,什么样的物联网应用可能开拓新的市场。

未来企业制造物联网应用的重点由设备和资产转向产品和客户。制造企业借助物联网实现业务成长的主要途径包括新的产品、服务和更紧密的客户关系。为了开发更具吸引力的产品或提升现有客户关系,企业将需要大量产品和客户的相关信息支持。目前制造企业所获得的产品和客户的信息量远少于资产和设备的信息量,在效率提升和业务成长的双重诉求驱动下,未来企业制造物联网应用的关注度将由设备和资产转向产品和客户。

数据能力提升将以数据分析计算能力提升为投资优先选择。物联网的整体突破不仅依赖于硬件能力和商业模式创新,算法与数据同样不可或缺。中国制造企业多年基于应用研发积累了大量经验数据,如果将这些数据提取并模型化,形成可实用的专家算法,数据将变成具有良好赢利能力的"金矿"。

制造企业中制造物联网的应用受到来自技术、监管、组织层面的挑战。例如,制造企业是否在系统和管理方面都准备好向以数据驱动的决策方式转型,或是数据隐私和安全性将受到怎样的监管和保护。制造物联网应用面临的最大三项挑战分别为:缺乏互通互联的标准、数据所有权和安全问题,以及相关操作人员技能不足。

3.4.3 制造物联网的关键技术

制造物联网涉及的内容极其广泛,它不是物联网在制造中的简单应用,其关键技术总结为以下组成部分。

1. 射频识别技术

利用传感器网络采集到的大量数据,可以实现信息交流、自动控制、模型预测、系统优化和安全管理等功能。但要实现以上功能,必须有足够规模的传感器。因此,广泛使用 RFID 技术和传感器,以获得大量有意义的数据,为进一步的数据传输交换分析和智能应用做好铺垫。

RFID 技术是一种无接触的自动识别技术,利用射频信号及其空间耦合传输特性,实现对静态或移动物体的自动识别,用于对采集点的信息进行标准化标识。鉴于 RFID 技术可实现无接触的自动识别,全天候、识别穿透能力强、无接触磨损,可同时实现对多个物品的自动识别等诸多特点,将这一技术应用到工控领域,使其与互联网、通信技术相结合,可实现全球范围内物品的跟踪与信息的共享,在物联网识别信息和近程通信的层面中,起着至关重要的作用。

2. 实时定位技术

实时定位技术是无线通信的一个分支应用,到目前为止出现了多种类型,根据应用场合不同可以分为两种:室外定位技术和室内定位技术。

室外定位技术主要有两种:卫星定位技术、基站定位技术。卫星定位技术是非常成熟的技术,比如大家熟知的 GPS(全球定位系统)技术,还有几种类似技术,如 Glonass、Galileo、北斗等。基站辅助的 GPS 定位，即 A-GPS 技术，通过从蜂窝网络下载当前地区的可用卫星信息（包含当地可用的卫星频段、方位、仰角等信息），从而避免了全频段大范围搜索，使首次搜星速度大大提高，时间由原来的几分钟减少到几秒钟；在无法获取 GPS 信号时，通过基站定位技术完成定位。

室内场景越来越庞大复杂，对定位和导航的需求也逐渐增多，如高危化工厂需要对人员进行定位管理，防止发生安全事故；医院希望对医疗设备进行实时定位等。Wi-Fi 定位、蓝牙定位、RFID 定位、UWB（超宽带）定位、红外技术、ZigBee 技术、计算机视觉技术、超声波技术等为不同行业的室内定位需求贡献了诸多行之有效的实时定位方案。

3. 数据互操作

当合作的企业利用制造物联网这一网络系统时，需要对产品整个制造过程的数据进行无缝交换，进而进行设计、制造、维护和商业系统管理，而这些数据常常存储在不同的终端上，因此可靠的数据互操作技术尤其重要。当现实世界的物品通过识别或传感器网络输入虚拟世界时，就已经完成了物品的虚拟化，然而单纯的物品虚拟化是没有意义的，只有通过现有网络设备连接实现虚拟物品信息的传递共享，才能达到制造物联网的目的。制造物联网的数据互操作是依托于互联网进行的，因此保持网络通信的顺畅、采取通用的网络传输协议、应用开源的系统平台等，都可以促进平台上数据互操作的顺利进行。

4. 多尺度动态建模与仿真

多尺度建模使业务计划与实际操作完美地结合在一起，也使企业间合作和针对公司与供应链的大规模优化成为可能。多尺度动态建模和仿真与传统的产品模型相比具有许多优点，它更接近实际产品，因此在前期开发过程中节省了大量的人力、物力和财力，也促进了企业间合作，大规模提高了设计效率。动态建模的过程依赖于流畅的数据互操作，基于制造物联网平台的动态建模与仿真可以由不止一个开发者合作完成，而开发者之间的信息交互通畅程度也决定了合作开发能否顺利进行。

5. 数据挖掘与知识管理

现有数字化企业中普遍存在数据爆炸但知识贫乏的现象，而以普适感知为重要特征的制造物联网将产生大量的数据，这种现象更加突出。如何从这些海量数据中提取有价值的知识并加以运用，就成为制造物联网的关键问题之一，也是实现制造物联网的技术基础。

6. 智能自动化

制造物联网应具有较高的智能化水平和学习能力，在一般状况下结合已有知识和情景感知可以自行做出判断决策，进行智能控制。在面向服务和事件驱动的服务架构中，智能自动化是很重要的，这是因为资源的分析、服务流程的制定、生产过程的实时控制涉及大量信息，需要迅速处理，这一过程不可能由人工来完成，也很难由人工全程监控，需要依赖可靠的决策和生产管理系统，通过自身的学习功能和技术人员的改进，为制造物联网平台上的各个对象提供更快、更准确的服务。因此，发展智能自动化，对于平台的发展、生产过程的改进甚至整个供应链的顺利运行都是非常必要的。智能应用是最为关键的技术，达不到智能应用层面的制造物联网不是完整的，智能自动化是高级阶段的必要选项。

7. 可伸缩的多层次信息安全系统

以现代互联网为基础，互联网的信息安全问题始终是人们关注的对象。制造物联网系统中的信息包括大量的企业商业机密,甚至涉及国家安全,这些信息一旦泄露,后果不堪设想。由于信息量巨大和信息种类繁多,并不是所有信息都需要特别保护,因此根据信息的不同制定不同的信息安全计划,是制造物联网应该解决的关键问题之一。

8. 物联网的复杂事件处理

物联网中的传感器产生大量的数据流事件,需要进行复杂事件处理。物联网的复杂事件处理功能是将数据转化为信息的重要途径。对传感器网络采集到的大量数据进行处理分析,去掉无用数据,就可以得到能反映一定问题的简单事件,通过事件处理引擎进一步将一系列简单事件提炼为有意义的复杂事件,可为接下来的数据互操作、动态建模和流程制定等操作节省数据存储空间,提高存储和传输效率。

9. 事件驱动的面向制造物联网服务架构

制造物联网中的事件和服务同时存在,面向服务与事件驱动是制造物联网的重要需求,其体系架构必须满足这样的需求。制造物联网平台作为系统的中枢,其主要任务就是收集和处理相关信息。这些信息既包括来自服务提供方的可用设备信息,也包括来自服务需求方的服务要求和流程要求,而经过处理分析提炼的每一条有效信息都将作为一个事件进入平台,这就要求智能制造体系是面向服务与事件驱动的。

3.5　应用案例

3.5.1　智能电子标签定位监测

半导体集成电路(IC)制造产业拥有全球最先进的制造技术与设备,半导体芯片制造规模已经进入了全年无休的大批量、快速制造阶段。由于半导体芯片制造过程异常复杂,所以半导体集成电路制造更迫切需要向智能制造转型升级。

半导体组件制造过程可分为晶圆制造(wafer fabrication)、晶圆针测(wafer probe)、封装(packaging)、测试(test)四个步骤。其中,晶圆制造主要是指在硅晶圆上制作电路与电子组件,是半导体 IC 制造过程中所需技术最复杂且资金投入最多的一个步骤。例如,每个硅晶圆片的制造过程包括几百个步骤,涉及大量机械设备。大型半导体厂商通常配备完善的自动制造控制系统,可以使晶圆载具(wafer carrier)在生产线上自动流转。由于晶圆制造过程复杂,生产线众多,生产车间空间宽广,大型的生产车间可能包含上千个晶圆载具,所以单个晶圆载具位置的确定与跟踪是实现晶圆制造及半导体 IC 制造过程智能化的首要问题。

晶圆载具自动跟踪监测的技术解决方案是室内定位技术,定位数据存储在中央数据库中,作为制造集成系统(manufacturing execution system,MES)的一部分。本节以瑞士创新型智能自动化公司 Intellion 的智能定位解决方案 LotTrack 为现代电子技术在智能制造中的应用案例,阐述智能自动化技术对半导体 IC 制造过程中晶圆制造流程的改善。

LotTrack 系统应用无线传感与无线通信技术实现产品的定位、生产信息通信传递,以及辅助操作人员决策的功能,以达到控制生产的目的。本例中 LotTrack 用于提高晶圆制造流程的生产制造物流能力,提高操作人员的工作效率,以及改善总体生产制造的灵活性。该系统主要由以下三部分构成。

1. 电子标签

电子标签(DisTag)是智能传感设备。电子标签放置于每一个晶圆载具上,主要实现两个功能。第一,实现晶圆载具在生产过程中的全程高精度实时定位,精度可以达到 0.5 m。第二,实现与操作人员间的通信功能,达到全程监控生产过程的目的。此外,电子标签包含一个信号显示装置,例如 LED 或者智能标签 flipdot,便于查找产品位置。该信号显示装置具有低功耗特性,电池更换周期大约为两年。

2. 天线模块

天线模块(antenna module)是无线通信装置。天线通常放置于车间顶棚,并且在无尘车间实现有规则的布局,以达到全生产区域可以无障碍通信的目的。

3. 控制软件

控制软件(control suite)是联系生产监控过程与制造执行系统的纽带。该软件提供了全部的运输与存储过程的可视化功能。

英飞凌(Infineon)公司是全球最大的半导体制造商之一,其汽车电子产品生产部门的生产份额占据全球汽车电子产品产量的第二位。英飞凌公司全球员工数约 37500 人,2017 年公司收益达到 7.06 亿欧元。汽车电子产品的需求不断变化,所以需要生产制造过程更具灵活性,能够满足不断变化的客户需求,灵活地调整生产流程,同时提高操作人员的控制能力。英飞凌公司原有的半导体生产物流系统更多的是强调解决大型生产设备的需求问题,生产过程控制缺乏灵活性。因此,英飞凌公司在寻求提升生产物流自动化程度的解决方案。

英飞凌公司生产的汽车电子产品品种繁多,多达 800 余种,全年芯片产量达到 100 亿个,主要用于汽车的发动机控制、传输控制、汽车的舒适度与安全性控制,以及汽车娱乐功能。在半导体芯片生产流程进入最后的测试阶段之前,生产步骤已经多达 400 余步,所以英飞凌公司亟需一套可监控的,能够灵活调整生产流程,满足不同产品生产需求的生产线控制解决方案。上述原因,促使英飞凌公司启用 LotTrack 系统。

LotTrack 系统提供的解决方案要解决产品电子标签与控制系统之间无线通信的定位精度、数据传输速度,以及全生产空间覆盖的问题。LotTrack 系统所面临的技术挑战是,生产车间的墙壁、产品设备、仓储货架等障碍物对通信信号电磁波的反射效应,会直接影响无线通信质量。所以 LotTrack 系统采用 RFID 技术与超声技术相结合的方式实现产品定位与监测。

LotTrack 系统的硬件主要包括电子标签与天线模块两部分。位于晶圆载具上的电子标签的组成如图 3-7 所示。其组成如下。

① 1 个 LED 显示灯,用于标识晶圆设备状态。

② 1 个低功耗液晶显示屏,显示晶圆载具 ID,以及相关生产信息。这取代了传统的纸质信息保存方式,实现了生产过程的无纸化控制,向环保节能的绿色智能工厂升级。

③ 4 个机械按键,可供操作人员使用。

④ 1 个超声传感器,用于接收天线发射的超声信号。

⑤ 1 个机械翻转点,用于指示操作人员动作。

为了降低安装成本,天线模块集成了一个射频天线以及 3 个超声发射器,有规则地布局

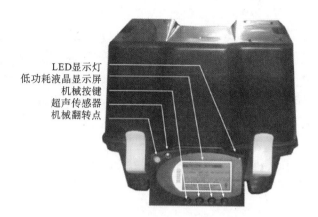

LED显示灯
低功耗液晶显示屏
机械按键
超声传感器
机械翻转点

图 3-7 电子标签组成示意图

于车间顶棚,以保证每个电子标签随时可以接收至少来自 3 个超声发射器的信号。

　　LotTrack 系统架构如图 3-8 所示。超声信号发射器周期性的发射网络诊断信号(ping signal)。电子标签接收超声信号,计算并且临时存储超声信号的路由时间、信号强度。通过射频通信,电子标签分析数据并且传送回天线模块。天线将数据传送回中央服务器。后台算法根据实时数据信息计算出晶圆载具的定位信息。

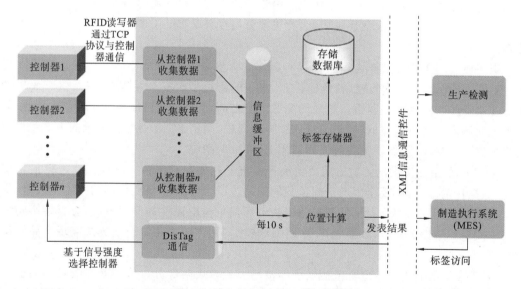

图 3-8 LotTrack 系统架构示意图

　　晶圆的生产过程是根据调度表组织的。LotTrack 系统向操作人员提供了晶圆载具的具体位置信息,例如"走廊 A,2.7 m"。操作人员通过远程控制 LED 显示灯闪烁,使晶圆在生产线上的位置清晰可辨。最后,系统检测晶圆载具在运动还是在静止状态,由操作人员决定是等候它自动传送过来,还是人工取过来。操作人员获得晶圆后,将其放入机器内,按照系统指示,执行下一生产步骤。生产过程信息仍旧由 RFID 信号向系统实时传送。整个生产过程在实时监控下完成。

在英飞凌生产车间,共安装了 100 部控制器,超过 1000 个电子标签。服务器每天收到并且处理 30 亿条由电子标签发送的距离测量信息,计算 27 亿条位置信息,位置精度达到 30 cm。系统基本可以做到实时定位,时间滞后不超过 30 s,实际运行数据可以达到每 10 s 更新一次。

通过本案例,我们可以得到如下启示。

① 对于晶圆生产商,由于产品种类繁多,所以生产商更需要智能的、可以根据客户需求灵活调整生产过程的生产流程解决方案,而不是传统的固定的大规模生产模式。

② 高精度的室内定位技术,通常需要综合运用现代化的技术手段,如本例中的超声与射频技术就是协同进行的。

③ 智能技术在生产制造中的应用,应该满足系统管理有效性最大化的生产管理目标。

④ 客户需要长期的技术支持。所以,智能化生产过程解决方案的制定与实施,一定要和客户现场系统相协调。系统兼容是实现智能化解决方案的一个重要考量因素。

3.5.2　未来智能工厂模型

智能制造会如何改变我们的制造形态? 未来的智能工厂的形态又是什么?

德国人工智能研究中心早在 2005 年,开始开发代表工业 4.0 的智能工厂生产过程模型——SmartFactory^{KL}。该模型的主旨是构建智能化的(intelligent)、模块化的(modular)、可更改的柔性生产过程。全球智能生产的首款模型于 2014 年正式在德国汉诺威工业博览会(Hannover Messe)展出,此后智能工厂模型不断改进并且每年都在 Hannover Messe 参展。2017 年的 SmartFactory^{KL} 生产平台如图 3-9 所示,该平台集成了 18 家厂商的生产模块。该项目目前已经与近 50 家厂商、大学以及政府部门建立合作伙伴关系,成为全球最具代表性的智能工厂生产模型。

图 3-9　2017 年德国汉诺威工业博览会 SmartFactory^{KL} 展示

该平台用于生产满足客户特定需求的个性化名片。该生产线的特殊之处在于生产流程可以根据客户的需要任意调整,而且正是由于基于模块化的生产结构,生产流程的调整可以在几分钟内完成。生产线的结构如图 3-10 所示。

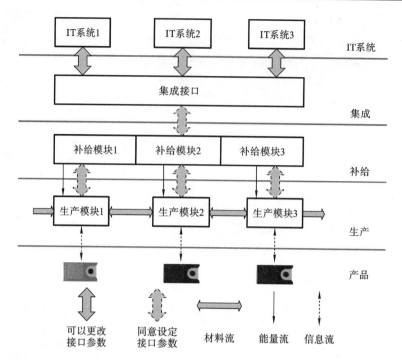

图 3-10　基于工业 4.0 的生产流程构建的 SmartFactory^{KL}生产线结构示意图

基于工业 4.0 时代的制造模式考虑,智能制造生产流程大致分为以下 5 层。

1. 产品层(product layer)

产品层被设计为整个系统的起点。每个产品分配了一个数字产品存储器,其中存储了该产品的生产相关信息。SmartFactory^{KL}在每个产品的底座上安装了一个 RFID 电子标签,内部存储了客户需求以及与生产相关的信息,例如订单号、订单日期、生产状态、步骤等信息。

2. 生产层(production layer)

该层由执行不同生产任务的模块组成,并且与产品层紧密相关。为了保证生产流程可以随意调整以及模块间的无缝衔接,生产模块的设计要满足"即插即用"的衔接方式。SmartFactory^{KL}的生产层由 9 个模块构成。为了实时监控生产模块在生产流程中所处的位置,每个生产模块也分配了电子标签,并且与产品电子标签相互配合实施生产监控。例如,当产品进入某个生产模块后,存储于产品电子标签中的产品参数被读出;当产品离开该模块时,产品参数被更新。

3. 补给层(supply layer)

该层为生产层的生产模块提供必要的补给,包括生产过程中的能量、数据路由以及生产安全保障等。同时,供应模块之间也要满足灵活调整的原则。SmartFactory^{KL}系统的补给层包括 4 个兼容的补给模块,为生产模块提供压缩空气,并且与安全模块相连,实现生产层与集成层之间通过以太网相连接。

4. 集成层(integration layer)

该层的主要功能是实现其他各层之间的信息交换。该层的实现是以标准化的通信协议为前提的。集成层收集生产层中各个生产模块的数据,送给 IT 系统层。

5. IT 系统层(IT system layer)

该层包括所有计算机相关的生产规划、过程控制以及优化功能。IT 系统层目前实现订单计划制定、订单控制、生产流程工程、数据分析(大数据),以及生产过程的远程监控与维护功能。

基于智能制造的柔性生产过程的理念,上述架构中的每个生产模块都可以与其他模块分离开来。SmartFactory^{KL}工业 4.0 试验工厂模型提供了一种离散的、松散连接的生产制造模式。工业 4.0 时代的制造过程构想包括以下三个方面:

(1) 生产模块可互换(mechatronic changeability)。

(2) 实现满足用户个性化生产需求的经济化生产流程(individualized mass production)。

(3) 实现公司内部以及公司之间的网络互联以保证生产过程的全程监控与管理(internal and cross-company networking)。

SmartFactory^{KL}项目为智能制造的发展带来的关键启示是标准化对于实现工业 4.0 智能制造的重要性,即标准化的生产模块可以方便地集成与调整。SmartFactory^{KL}的负责人 Detlef Zuhlke 教授指出,标准的制定需要与工业 4.0 的普及同时开展。

尽管本案例中涉及的系统架构在技术上是可行的,但是距离实际的工业上的大规模普及还有很长一段路要走。除了技术的改进,在政策层面上,一些与安全相关的规章制度还需要制定,此外还需要与市场相关的解决方案。

课后思考题

1. 简述嵌入式微控制器的发展。
2. 简述嵌入式系统的组成。
3. 简述物联网的定义和特征。
4. 谈谈你对制造物联的理解。
5. 请列举出目前至少三家全球知名的提供智慧工厂建设解决方案的企业,包括企业名称、解决方案领域、所用技术以及知名案例。
6. 请列举出目前至少三家国内知名的提供智慧工厂建设解决方案的企业,包括企业名称、解决方案领域、所用技术以及知名案例。

第4章 工业制造技术

4.1 概述

教学课件

改革开放后,我国制造业在先进科学技术发展引领下,结合我国特有的人口红利与政府集中引导,呈现出欣欣向荣之态,竞争力不断增强。目前,中国已成为全球第二大经济体,且极有可能成为"第五个"世界制造中心。但与欧美发达国家相比,由于不少核心技术的缺失,我国制造业目前总体处于产业链下游;加之加工质量存在明显的改善空间,因此我国制造业亦需要跨越式发展。此外,考虑到制造成本、人力资源以及周边国家的产业升级状况,大力推进工业4.0智能制造技术就更加显得刻不容缓。

2016年,智能制造领域有九大核心技术值得重点关注:制造物联网、云计算、工业大数据、工业机器人、3D打印(增材制造)、知识工作自动化、工业网络安全、虚拟现实和人工智能。这些技术实施的根本目的均是通过数字化仿真技术来完成制造装备、制造系统以及产品性能的科学定量分析,进而将严谨客观的科学论证分析过程引入制造工艺分析设计中来,从而最终实现产品表达数字化、制造装备数字化、制造工艺数字化、制造系统数字化。基于此,本章重点针对智能制造系统的关键支撑技术环节——智能机床、工业机器人、虚拟现实人机工程以及3D打印(增材制造)等进行详细的分析讲解。

4.2 数控加工技术

数控(numerical control,NC)即数字控制,在机床领域指用数字化信号对机床运动及其加工过程进行控制的一种自动化技术。其数字化信号包括字母、数字和符号,它的控制对象一般是位置、角度和速度等机械量,但也有温度、流量、压力等物理量。

计算机数控(computer numerical control,CNC)是指用一个存储程序的专用计算机,通过控制程序来实现部分或全部基本控制功能,并通过接口与各种输入、输出设备建立联系。更换不同的控制程序,可以实现不同的控制功能。目前比较普遍的是由8位和16位微处理器构成的微机CNC系统。

数控机床(numerical control machine tool)是一种采用数字化信号以一定的编码形式通过数控系统来实现自动加工的机床,或者说是装备了数控系统的机床。它是一种技术密集度及自动化程度很高的机电一体化加工设备,是数控技术与机床相结合的产物。

4.2.1 数控机床的组成、分类

1. 数控机床的组成

数控机床主要由程序输入设备、数控装置、伺服系统和机床本体等四部分组成,如图4-1

所示。

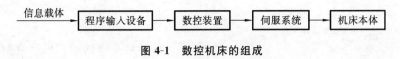

信息载体 → 程序输入设备 → 数控装置 → 伺服系统 → 机床本体

图 4-1　数控机床的组成

1）信息载体

信息载体又称控制介质,它是指操作者与数控机床发生联系的中间媒介物。它用于记载工件加工过程中所需要的各种信息,以控制机床的运动,实现工件的加工。常用的控制介质有穿孔带、穿孔卡、磁盘和磁带等。

2）程序输入设备

信息载体上记载的加工信息(如工件加工的工艺过程、工艺参数和位移数据等)要经程序输入设备输送给数控装置。常用的程序输入设备有光电阅读机、磁盘驱动器和磁带机等。

对于用微机控制的数控机床,也可以用操作面板上的键盘直接输入加工程序。

3）数控装置

数控装置一般是指控制机床运动的微型计算机,它是数控机床的"大脑"。其功能是接收由输入设备输入的加工信息,经处理与计算,发出相应的脉冲信号送给伺服系统,通过伺服系统使机床按预定的轨迹运动。

4）伺服系统

伺服系统的作用是接收数控装置输出的指令脉冲信号,使机床上的移动部件做相应的移动,使工作台按规定轨迹移动或精确定位,加工出符合图样要求的工件。每一个指令脉冲信号使机床移动部件产生的位移量称为脉冲当量,其单位用 mm/脉冲表示。常用的脉冲当量有0.01 mm/脉冲、0.005 mm/脉冲、0.001 mm/脉冲等。

伺服系统是数控系统的执行部分,它由速度控制装置、位置控制装置、驱动伺服电动机和相应的机械传动装置组成。目前在数控机床的伺服系统中,常用的位移执行机构有功率步进电动机、直流伺服电动机和交流伺服电动机,后两种都带有感应同步器、光电编码器等位置测量器件。伺服系统的性能是影响数控机床的加工精度和生产效率的主要因素之一。

5）机床本体

数控机床本体是高精度和高生产率的自动化加工机床,与普通机床相比,应具有更好的抗振性和更大的刚度,且相对运动面的摩擦系数要小,进给传动部分之间的间隙要小。所以其设计要求比通用机床更严格,加工制造要求精密,并采用增大刚度、减小热变形、提高精度的设计措施。

2. 数控机床的分类

数控机床种类很多,如铣削类、钻铰类、车削类、磨削类、线切割类、加工中心等。其分类方法也很多,大致有以下几种。

1）按控制的运动轨迹分类

（1）点位控制（positioning control）。

点位控制系统又称点到点控制系统,它是指刀具从某一位置向另一目标点位置移动,不管其间刀具移动轨迹如何但最终能准确到达目标点位置的控制系统。点位控制的数控机床

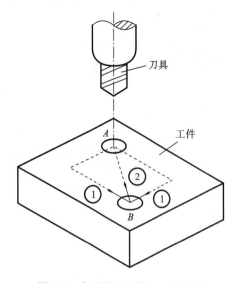

图 4-2　点位控制系统加工示意图
①—沿直角坐标轴方向分两步到达目标点；
②—沿直角坐标斜线方向直接到达目标点

在刀具的移动过程中，并不进行加工，而是做快速空行程的点位运动。图 4-2 所示为点位控制系统加工示意图。

采用点位控制系统的数控机床有数控钻床、数控镗床和数控冲床等。

（2）直线控制(straight-line control)。

直线控制系统是指控制刀具或机床工作台以适当速度，沿着平行于某一坐标轴方向或与坐标轴成 45°的斜线方向进行直线加工的控制系统。但该系统不能沿任意斜率的直线进行直线加工。图 4-3 所示为直线控制系统加工示意图。

直线控制系统一般具有主轴转速控制、进给速度控制和沿平行于坐标轴方向直线循环加工的功能。一般的简易数控系统均属于直线控制系统。

将点位控制和直线控制结合起来的控制系统称为点位直线控制系统，该系统同时具有点位控制和直线控制的功能。此外，有些系统还具有刀具选择、刀具长度补偿和刀具半径补偿功能。采用点位直线控制系统的数控机床有数控镗铣床、数控加工中心等。

（3）轮廓控制(contour control)。

轮廓控制系统又称连续控制系统，该系统能对刀具相对于工件的运动轨迹进行连续控制，以加工任意斜率的直线、圆弧、抛物线或其他曲线。这种系统一般都是两坐标或两坐标以上的多坐标联动控制系统，其功能齐全，可加工任意形状的曲线或型腔。图 4-4 所示为连续控制系统加工示意图。

采用连续控制系统的数控机床有数控铣床、功能完善的数控车床、数控凸轮磨床和数控切割机床等。

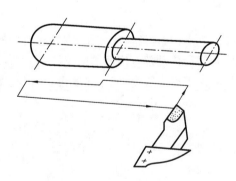

图 4-3　直线控制系统加工示意图

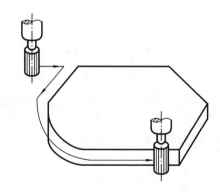

图 4-4　连续控制系统加工示意图

2）按伺服系统的类型分类

（1）开环伺服(open loop control)。

图 4-5 所示为步进电动机驱动的开环伺服系统的原理示意图。开环伺服系统一般由环

形分配器、步进电动机功率放大器、步进电动机、齿轮箱等组成。每当数控装置发出一个指令脉冲信号,步进电动机的转子就旋转一个固定角度,该角度称为步距角,而机床工作台将移动一定的距离,即脉冲当量。

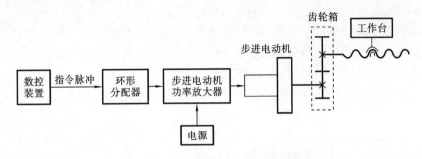

图 4-5 开环伺服系统的原理示意图

从图 4-5 可知,工作台位移量与进给指令脉冲的数量成正比,即数控装置发出的指令脉冲频率越高,则工作台的位移速度越快。这种只含有信号放大和变换,不带有位移检测反馈的伺服系统称为开环伺服系统或简称开环系统。

因为开环伺服系统既没有工作台位移检测装置,又没有位置反馈和校正控制系统,所以工作台的位移精度完全取决于步进电动机的步距角精度、齿轮箱中齿轮副和丝杠螺母副的精度与传动间隙等,由此可见这种系统很难保证较高的位置控制精度。同时由于受步进电动机性能的影响,其速度也受到一定的限制。但这种系统结构简单,调试方便,工作可靠,稳定性好,价格低,因此被广泛用于精度要求不太高的经济型数控机床上。

(2) 闭环伺服(closed loop control)。

图 4-6 所示为闭环伺服系统的原理示意图。安装在工作台上的线性检测装置将工作台的实际位移量反馈到计算机中,与所要求的位置指令进行比较,用比较的差值进行控制,直到差值为零为止,从而使加工精度大大提高。速度检测元件的作用是将伺服电动机的实际转速变换成电信号送到速度控制电路中,进行反馈校正,保证电动机转速保持恒定不变。常用的速度检测元件是测速发电机。

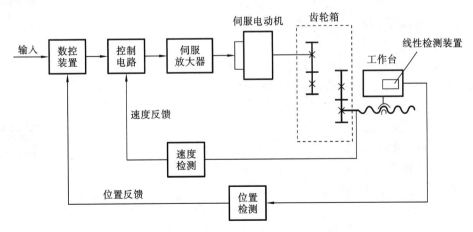

图 4-6 闭环伺服系统的原理示意图

闭环伺服系统的特点是加工精度高,移动速度快。这类数控机床采用直流伺服电动机或交流伺服电动机作为驱动元件,电动机的控制电路比较复杂,检测元件价格高昂,因而调试和维修比较复杂,成本高。

(3) 半闭环伺服(semi-closed loop control)。

半闭环伺服系统的原理示意图如图 4-7 所示。它不是直接检测工作台的位移量,而是通过与伺服电动机有联系的角度检测装置,如光电编码器,测出伺服电动机的转角,推算出工作台的实际位移量,反馈到计算机中进行比较,用比较的差值进行控制。由于反馈环内没有包含工作台,故称为半闭环控制。

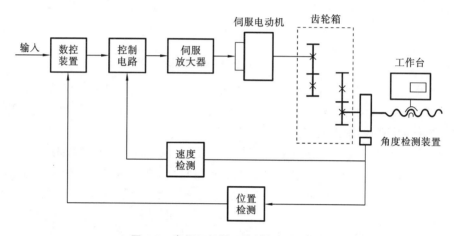

图 4-7　半闭环伺服系统的原理示意图

半闭环控制精度较闭环控制差,但稳定性好,成本较低,调试维修也较容易,兼顾了开环控制和闭环控制二者的特点。

3) 按数控机床的性能分类

(1) 低档数控机床。

低档数控机床又称经济型数控机床。其特点是根据实际加工要求,合理地简化系统以降低机床价格。在我国,将由单片机或单板机与步进电动机构成的数控系统以及一些功能简单、价格低的数控系统称为经济型数控系统,主要用于车床、线切割机床以及旧机床的数控改造等。

低档数控机床的主 CPU 一般为 8 位或 16 位,用数码管或简单 CRT(阴极射线显像管)显示。采用开环步进电动机驱动,脉冲当量为 0.005~0.01 mm/脉冲,进给速度为4~10 m/min。

(2) 中档数控机床。

其主 CPU 一般为 16 位或 32 位,具备较齐全的 CRT 显示,可以显示字符和图形、进行人机对话、自诊断等。其伺服系统为半闭环直流或交流伺服系统,脉冲当量为 0.001~0.005 mm/脉冲,进给速度为 15~24 m/min。

(3) 高档数控机床。

其主 CPU 一般为 32 位或 64 位,CRT 显示除具备中档的功能外,还具有三维图形显示等功能。其伺服系统为闭环的直流或交流伺服系统,脉冲当量为 0.0001~0.001 mm/脉冲,进给速度为 $15\sim100$ m/min。

上述三种分类方法实际上主要是按数控机床所配备的数控系统的功能水平进行横向分类的。若从用户使用角度考虑,按机床加工特性或能完成的主要加工工序,即按机床的工艺用途来分类可能更为合适。

4.2.2　数控机床的加工特点

1. 加工精度高,加工质量稳定

数控机床的机械传动系统和结构都有较高的精度、刚度和热稳定性;数控机床的加工精度不受工件复杂程度的影响,工件加工的精度和质量由机床保证,完全消除了操作者的人为误差。所以数控机床的加工精度高,加工误差一般能控制在 $0.005\sim0.01$ mm,而且同一批工件加工尺寸的一致性好,加工质量稳定。

2. 生产效率高

数控机床结构刚度高、功率大,能自动进行切削加工,所以能选择较大的、合理的切削用量,并自动连续完成整个切削加工过程,能大大缩短机动时间。在数控机床上加工工件,只需使用通用夹具,又可免去画线等工作,所以能大大缩短加工准备时间。又因数控机床定位精度高,可省去加工过程中对工件的中间检测,减少了停机检测时间,所以数控机床的生产效率高。

3. 减轻劳动强度,改善劳动条件

数控机床的加工,除了装卸工件、操作键盘、观察机床运行外,其他的机床动作都是按加工程序要求自动连续地进行切削加工,操作者不需要进行繁重的重复手工操作。所以数控机床加工能减轻工人劳动强度,改善劳动条件。

4. 适应性强、灵活性好

因数控机床能实现几个坐标联动,加工程序可按对加工工件的要求而变换,所以它的适应性强,灵活性好,可以加工普通机床无法加工的形状复杂的工件。

5. 有利于生产管理

数控机床加工能准确地计算工件的加工工时,并有效地简化刀具、夹具、量具和半成品的管理工作。加工程序用数字信息的标准代码输入,有利于与计算机连接,构成由计算机来控制和管理的生产系统。

4.2.3　数控编程的基本概念

1. 数控机床的坐标轴

1) 坐标轴与运动方向命名的原则

(1) 标准的坐标系是一个右手直角笛卡儿坐标系(见图 4-8)。

(2) 假定刀具相对于静止的工件运动。当工件运动时,即在坐标轴符号上加"′"表示。

(3) 刀具远离工件的运动方向为坐标轴的正方向。

(4) 机床旋转坐标运动的正方向按照右手螺旋定则来判定,如车床主轴顺时针旋转的方向即为"$+C'$"。

2) 坐标轴的确定

确定机床坐标轴时,一般是先确定 Z 轴,再确定 X 轴和 Y 轴。

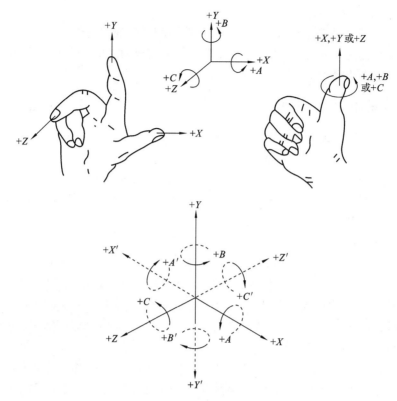

图 4-8　右手直角笛卡儿坐标系

（1）Z轴。

① 在机床坐标系中,规定传递切削动力的主轴轴线为 Z 轴。

② 对于没有主轴的机床(如数控龙门刨床),则规定 Z 轴垂直于工件装夹面方向,如图 4-9 所示。

③ 如机床上有多个主轴,则选一垂直于工件装夹面的主轴作为主要的主轴。

④ 当主轴始终平行于标准坐标系的一个坐标轴时,该坐标轴即为 Z 轴,例如立式升降台铣床的水平主轴,如图 4-10 所示。

（2）X轴。

① X 轴是水平的,它平行于工件的装夹面。

② 对于工件旋转的机床,X 坐标的方向在工件的径向上,并且平行于横滑座,如图 4-9 所示。

③ 对于刀具旋转的机床,如 Z 坐标是水平(卧式)的,当从主要刀具的主轴向工件看时,+X 坐标方向指向右方,如图 4-11 所示;如 Z 坐标是垂直(立式)的,对于单立柱机床,当从主要刀具的主轴向立柱看时,+X 坐标方向指向右方,如图 4-10 所示。

④ 对于刀具或工件不旋转的机床(如刨床),X 坐标平行于主要切削方向,并以该方向为正方向,如图 4-12 所示。

（3）Y轴。Y 轴根据 Z 轴和 X 轴,按照右手直角笛卡儿坐标系确定。

（4）如在 X、Y、Z 主要直线运动之外另有第二组平行于它们的运动,可分别将它们的坐标指定为 U、V、W。

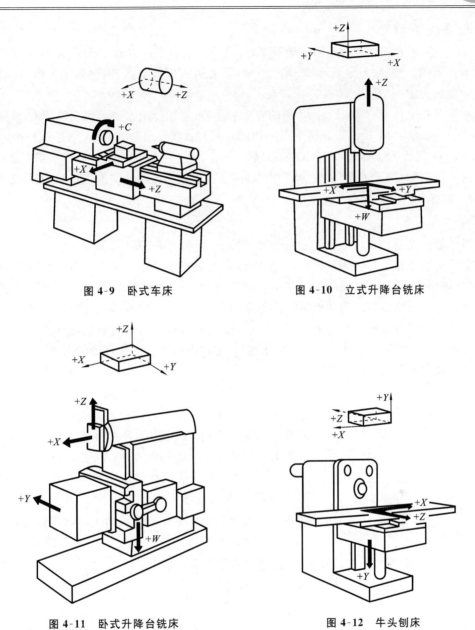

图 4-9　卧式车床　　　　　　图 4-10　立式升降台铣床

图 4-11　卧式升降台铣床　　　　图 4-12　牛头刨床

　（5）A、B、C 旋转坐标轴。A、B、C 分别表示其轴线平行于 X、Y、Z 轴的旋转坐标，如 $+A$ 表示在 $+X$ 坐标轴方向按照右手螺旋定则来判定的方向。

2. 机床坐标系

　机床坐标系是机床上固有的坐标系，并设有固定的原点，每一台机床出厂时已设置完成，一般不允许更改。它也是整个机床检测系统的基础。

3. 工件坐标系

　工件坐标系是编程人员在编程过程中使用的，由编程人员以工件图样上的某一固定点为原点所建立的坐标系，又称为工作坐标系或编程坐标系。

4. 附加坐标系

X 轴、Y 轴、Z 轴通常称为第一坐标系;若有与这些轴平行的第二直线运动,则称其轴为第二坐标系,对应地命名为 U 轴、V 轴、W 轴;若有第三直线运动,则称其轴为第三坐标系,对应地命名为 P 轴、Q 轴、R 轴。

如果有不平行于 X 轴、Y 轴、Z 轴的直线运动,可根据使用方便的原则确定 U 轴、V 轴、W 轴和 P 轴、Q 轴、R 轴。当有两个以上相同方向的直线运动轴时,可按靠近第一坐标轴的顺序确定 U 轴、V 轴、W 轴、P 轴、Q 轴、R 轴。

对于旋转轴,除了 A 轴、B 轴和 C 轴以外,还可以根据使用要求继续命名 D 轴、E 轴等。

5. 坐标系的原点及各个重要的点

1) 机床原点

机床原点是指在机床上设置的一个固定的点,即机床坐标系的原点。它在机床装配调试时就已确定下来了,是数控机床进行加工运动的基准参考点。机床上有一些固定的基准线,如主轴中心线;也有一些固定的基准面,如工作台面、主轴端面、工作台侧面等。当机床的坐标轴手动返回各自的参考点(或称"零点")以后,用各坐标轴部件上的基准线和基准面之间的距离便可确定机床原点的位置,该点在数控机床的使用说明书上均有说明。如立式数控铣床的机床原点为 X 轴、Y 轴返回原点后,主轴中心线与工作台面的交点,可由主轴中心线至工作台的两个侧面的给定距离来测定。

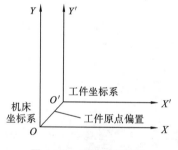

图 4-13　工件原点偏置

2) 工件原点

工件原点指工件坐标系的原点,在机床坐标系中称为调整点。在加工时,工件随夹具在机床上安装后,测量工件原点与机床原点之间的距离,这个距离称为工件原点偏置,如图 4-13 所示。该偏置值需要预存到数控系统中,在加工时,工件原点偏置值便能自动附加到工件坐标系上,使数控系统可按机床坐标系确定加工时的坐标值。因此,编程人员可以不考虑工件在机床上的安装位置和安装精度,而利用数控系统的原点偏置功能,通过工件原点偏置值来补偿工件的安装误差,使用起来非常方便。现在多数数控机床都具有这种功能。

3) 起刀点和刀位点

(1) 起刀点。起刀点是指刀具起始运动的刀位点,亦即程序开始执行时的刀位点。

(2) 刀位点。刀位点是指刀具的基准点,即刀具按指令运行后留下轨迹的点。对于车刀而言,刀位点是对刀时所选定的刀点;对于铣刀而言,刀位点则是刀具轴心线与底平面的交点。球头铣刀的刀位点为球头的球心。

4) 机械参考点

机械参考点是指机床各运动部件在各自的正向自动退至极限的一个固定点(由限位开关准确定位),至机械参考点时所显示的数值则表示机械参考点与机床原点间的工作范围,该数值即被记忆在数控系统中并在系统中建立机床原点,作为系统内运算的基准点。有的机床在返回机械参考点时,数值显示为零($X0$,$Y0$,$Z0$),则表示该机床原点被建立在机械参考点上。

6. 绝对坐标与相对坐标

1）绝对坐标

所有坐标点的坐标值均从某一固定坐标原点计量的坐标系，称为绝对坐标系。如图 4-14 中的 A、B 两点，若以绝对坐标计量，则 A 点坐标为 $(30,35)$，B 点坐标为 $(12,15)$。

2）相对坐标

运动轨迹的终点坐标相对于起点坐标计量的坐标系，称为相对坐标系（或称为增量坐标系）。

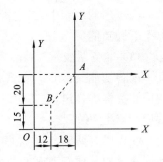

图 4-14　绝对坐标与相对坐标

若以相对坐标计量，则图 4-14 中 B 点的坐标是在以 A 点为原点建立起来的坐标系内计量的，则 B 点的相对坐标为 $(-18,-20)$。

在编程时，可根据具体机床的坐标系，从编程方便及加工精度要求的角度选用坐标系的类型。

7. 数控编程的常用指令

1）地址字母表

数控程序编制时是用字符和数字来编制指令的，字符和数字所代表的含义有具体的差别。我们先了解一下一些常用字母，这些字母称为地址，如表 4-1 所示。

表 4-1　地址字母表

地址	功　能	说　　　明	地址	功　能	说　　　明
A	坐标字	绕 X 轴旋转	N	顺序号	程序段顺序号
B	坐标字	绕 Y 轴旋转	O	程序号	程序号、子程序号的指定
C	坐标字	绕 Z 轴旋转	P	—	暂停或程序中某功能开始使用的顺序号
D	补偿号	刀具半径补偿指令	Q	—	固定循环终止段号或固定循环中的定距
E	—	第二进给功能	R	坐标字	固定循环中定距或圆弧半径的指定
F	进给功能	进给速度的指令	S	主轴功能	主轴转速的指令
G	准备功能	指令动作方式	T	刀具功能	刀具编号的指令
H	补偿号	补偿号的指定	U	坐标字	与 X 轴平行的附加轴的增量坐标值或暂停时间
I	坐标字	圆弧中心 X 轴轴向坐标	V	坐标字	与 Y 轴平行的附加轴的增量坐标值
J	坐标字	圆弧中心 Y 轴轴向坐标	W	坐标字	与 Z 轴平行的附加轴的增量坐标值
K	坐标字	圆弧中心 Z 轴轴向坐标	X	坐标字	X 轴的绝对坐标值或暂停时间
L	重复次数	固定循环及子程序的重复次数	Y	坐标字	Y 轴的绝对坐标值
M	辅助功能	机床开/关指令	Z	坐标字	Z 轴的绝对坐标值

2)五大功能

在程序的编制中,工艺指令是用来描述工艺过程的各种操作和运动特征的。它主要有以下五种功能。

(1)准备功能。

准备功能又称 G 功能或 G 指令。它是用来指令机床进行加工运动和插补方式的功能。我国相关标准规定,准备功能 G 代码以地址 G 为首,后跟二位数字,共 100 种(G00~G99)。常用的 G 代码如表 4-2 所示。

G 代码有两种,一种是模态 G 代码,另一种是非模态 G 代码。模态 G 代码的含义是直到同一组的其他 G 代码被指定之前均有效,具有续效性,在后续程序段中同组其他 G 代码未出现之前一直有效;非模态 G 代码的含义是仅在被指定的程序段内有效。

表 4-2 常用 G 代码及其功能

代码	分组	功　　能	格　　　式
G00	01	快速进给、定位	G00 X Z
G01		直线插补	G01 X Z
G02		圆弧插补 CW(顺时针)	$\left\{ {G02 \atop G03} \right\}$ X Z $\left\{ {R \atop I\ K} \right\}$
G03		圆弧插补 CCW(逆时针)	
G04	02	暂停	G04 X(U)|P X(U)的单位:s;P 的单位:ms(整数)
G28	03	回归参考点	G28 X Z
G29		由参考点回归	G29 X Z
G32	04	螺纹切削(由参数指定绝对值和增量值)	Gxx X|U Z|W F|E F 指定单位为 0.01 mm/r 的螺距 E 指定单位为 0.0001 mm/r 的螺距
G40	06	刀具补偿取消	G40
G41		左半径补偿	$\left\{ {G41 \atop G42} \right\}$ Dnn
G42		右半径补偿	
G50	07	工件坐标系选择或偏移	设定工件坐标系:G50 X Z 偏移工件坐标系:G50 U W
G53		机械坐标系选择	G53 X Z
G54	08	选择工作坐标系 1	Gxx
G55		选择工作坐标系 2	
G56		选择工作坐标系 3	
G57		选择工作坐标系 4	
G58		选择工作坐标系 5	
G59		选择工作坐标系 6	

续表

代码	分组	功　　能	格　　式
G70	09	精加工循环	G70 P(ns) Q(nf)
G71	09	外圆粗车循环	G71 U(Δd) R(e) G71 P(ns) Q(nf) U(Δu) W(Δw) F(f) Δd:切深量 e:退刀量 ns:精加工形状的程序段组的第一个程序段的顺序号 nf:精加工形状的程序段组的最后一个程序段的顺序号 Δu:X 方向精加工余量的距离及方向 Δw:Z 方向精加工余量的距离及方向
G73	—	封闭切削循环	G73 U(Δi) W(Δk) R(Δd) G73 P(ns) Q(nf) U(Δu) W(Δw) F(f)
G90	10	直线车削循环	G90 X(U) Z(W) F G90 X(U) Z(W) R F
G92	10	螺纹车削循环	G92 X(U) Z(W) F G92 X(U) Z(W) R F
G94	10	端面车削循环	G94 X(U) Z(W) F G94 X(U) Z(W) R F
G98	11	每分钟进给速度	G98
G99	11	每转进给速度	G99

注:表中字母正斜体形式与实际数控机床程序编制中的相一致,后同。

应该指出,各种机床的 G 代码不尽相同,有重复使用的。希望用户在用 G 代码前参照所操作机床的编程说明书。

(2)辅助功能。

辅助功能又称 M 功能或 M 指令。它是控制机床在加工操作时做一些辅助动作的开/关功能。我国相关标准规定,辅助功能 M 代码以地址 M 为首,后跟二位数字,共 100 种(M00～M99)。常用的 M 代码如表 4-3 所示。

表 4-3　常用 M 代码及其功能

代　码	功　　能	格　　式
M00	停止程序运行	M00
M01	选择性停止	M01
M02	结束程序运行	M02
M03	主轴正向转动开始	M03
M04	主轴反向转动开始	M04
M05	主轴停止转动	M05
M06	换刀指令	M06 T

代　码	功　　能	格　　式
M08	冷却液开启	M08
M09	冷却液关闭	M09
M30	结束程序运行且返回程序开头	M30
M98	子程序调用	M98 Pxxnnnn 调用程序号为 Onnnn 的程序 xx 次
M99	子程序结束	Onnnn … M99

（3）主轴功能。

主轴功能又称 S 功能或 S 指令。它表示主轴转速指令,用整数表示,单位是转/分(r/min)。注意 S 代码后面的整数值表示的是机床转速,其不能超过机床设定的值。

（4）进给功能。

进给功能又称为 F 功能或 F 指令。它表示刀具进给指令,有两种表达方式:每分钟进给量和每转进给量,单位分别是 mm/min 和 mm/r。

一般机床都默认使用其中一种方法,如果要用另一种方法可用 F 指令进行转换。

（5）刀具功能。

刀具功能又称 T 功能或 T 指令。它表示所选用的刀具,有两种用法:第一种用法为换刀操作,其常与 M06 配合使用,T 指令的范围一般为 T00～T99,其中 00 表示空刀,01～99表示刀具在刀具座中的顺序号。这种方法一般在数控加工中心中出现。第二种用法为 T 后面跟有 4 位阿拉伯数字,其中前两位表示刀具的顺序号(刀号),后两位表示刀具的补偿地址号。刀具的补偿地址号设置在系统内部,一般由 D 或 H 来表示,其中存放的是刀具半径补偿量或刀具长度补偿量。

4.2.4 数控车床的分类

数控车床按其功能分为简易数控车床、经济型数控车床、多功能数控车床和车削中心等,它们在功能上差别较大。

1. 简易数控车床

这是一种低档数控车床,一般用单板机或单片机进行控制。单板机不能存储程序,所以每切断一次电源就得重新输入程序;且车床抗干扰能力差,不便于扩展功能,目前已很少采用。

2. 经济型数控车床

这是中档数控车床,一般具有单色显示的 CRT 和程序储存、编辑功能。它的缺点是没有恒线速度切削功能;刀尖圆弧半径自动补偿不是它的基本功能,而属于选择功能。

3. 多功能数控车床

这是较高档次的数控车床。这类车床一般具备刀尖圆弧半径自动补偿、恒线速度切削、倒角、固定循环、螺纹切削、图形显示和用户宏程序等功能。

4. 车削中心

车削中心的主体是数控车床,配有刀库和机械手,与数控车床单机相比,可自动选择和使用的刀具数量大大增加。卧式车削中心还具备如下两种功能:一种是动力刀具功能,即刀架上某一刀位或所有刀位可使用回转刀具,如铣刀和钻头;另一种是 C 轴位置控制功能,该功能能达到很高的角度定位分辨率(一般为 $0.001°$),还能使主轴和卡盘按进给脉冲做任意低速的回转,这样车床就具有 X、Z 和 C 三坐标,可实现三坐标联动控制。

4.2.5　数控车床的应用

1. 车床的前置刀架与后置刀架

数控车床刀架布置有两种形式:前置刀架和后置刀架。如图 4-15 所示,前置刀架位于 Z 轴的前面,与传统卧式车床刀架的布置形式一样,刀架导轨为水平导轨,使用四工位电动刀架;使用前置刀架,即车床刀架在主轴中心的前方时,X 轴的正方向是垂直于主轴向下,此时主轴正转用于切削。

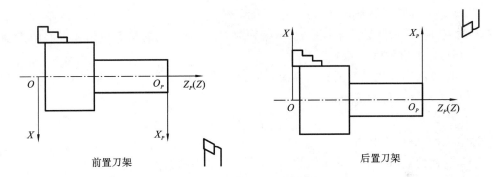

前置刀架　　　　　　　　　　　　后置刀架

图 4-15　前置刀架和后置刀架

后置刀架位于 Z 轴的后面,刀架的导轨位置与正平面成一定倾角。这样的结构形式便于观察刀具的切削过程,切屑容易排除,后置空间大,可以设计更多工位的刀架。一般全功能的数控车床都采用后置刀架。

2. 数控车床的初始状态

数控车床初始状态的定义同一般数控机床,该状态也称为数控系统内部默认状态,它是指数控机床通电后所具有的状态。一般在首次开机进行数控车床的编程时,默认状态的指令可以省略不写,如取消刀具补偿指令 G40,每转进给指令 G99,恒表面速度设置取消指令 G97 等。

3. 公制编程

数控车床使用的长度单位有公制和英制两种,由专用的指令代码设定,如 FANUC-0TC 系统用 G20 表示使用英制单位,G21 表示使用公制单位。

4. 绝对编程与增量编程

X 轴和 Z 轴移动量的指令方法有绝对指令和增量指令两种。

绝对编程是指对各轴移动到终点的坐标值进行编程的方法,使用绝对指令,用 X、Z 表

示 X 轴、Z 轴方向上的坐标值。

增量编程是指用各轴相对于前一位置的移动量进行编程的方法,使用增量指令,用 U、W 表示 X 轴、Z 轴方向上的移动量。

5．数控车床常用基本指令

1）快速定位

格式:G00 X(U) Z(W)

采用 G00 指令时,刀具的轨迹是一条折线,所以要特别注意刀具与工件间的干涉,必要时可将程序拆成两行。

2）直线插补指令

格式:G01 X(U) Z(W) F

G01 指令中必须指定进给速度 F 值。特别注意 F 指令是一个模态指令,如果跟在 G01 的后面,且又没有指定值,将是非常危险的。

3）圆弧插补

格式:G02/G03 X(U) Z(W) R(I K) F

G02 为顺时针圆弧插补,G03 为逆时针圆弧插补。

半径编程时,R 为圆弧的半径值;I、K 编程时,I、K 为圆弧的始点至圆弧中心的矢量的 X、Z 向的分量,为增量值。

注意:圆弧的终点位置及圆心位置均采用直径编程;R 值为正时表示圆心角小于 $180°$,R 值为负时表示圆心角大于 $180°$。

4）程序暂停

格式：G04 X(U) |P

X(U)后面的数值为带小数点的数,单位为 s;P 后面的数值为整数,单位为 ms。

5）刀具半径补偿

指令:G40/G41/G42

G40——取消刀具半径补偿,按刀具路径进给。

G41——左偏刀具半径补偿,按刀具路径前进方向刀具偏在工件左侧进给。

G42——右偏刀具半径补偿,按刀具路径前进方向刀具偏在工件右侧进给。

编程时,通常都将车刀刀尖作为一点来考虑,但实际上刀尖处存在圆角。当用按理论刀尖点编出的程序进行端面、外径、内径等与轴线平行或垂直的表面加工时,是不会产生误差的;但在进行倒角、锥面及圆弧切削时,则会产生少切或过切现象。具有刀尖圆弧自动补偿功能的数控系统能根据刀尖圆弧半径计算出补偿量,避免少切或过切现象的产生。

6）固定循环指令

(1)精加工循环(G70)。

格式:G70 P(ns) Q(nf)

ns——精加工形状程序的第一个段号。

nf——精加工形状程序的最后一个段号。

功能:用 G71、G72 或 G73 粗车削后,再用 G70 精车削。

（2）外圆粗车固定循环（G71）。

格式①：G71 U(Δd) R(e)

Δd——切削深度（半径指定）。

不指定正负符号。切削方向依照 AA' 的方向（见图 4-16）决定，在另一个值指定前不会改变。

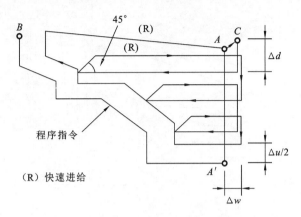

图 4-16　G71 循环线路示意图

格式②：G71 P(ns) Q(nf) U(Δu) W(Δw) F(f) S(s) T(t)

本指定是状态指定，在另一个值指定前不会改变。

ns——精加工形状程序的第一个段号。

nf——精加工形状程序的最后一个段号。

Δu——X 方向精加工预留量的距离及方向，当数值为负数时表示孔的加工（直径/半径）。

Δw——Z 方向精加工预留量的距离及方向。

f、s、t——包含在 ns 到 nf 程序段中的任何 F、S 或 T 功能在循环中被忽略，而在 G71 程序段中的 F、S 或 T 功能有效。

注意：ns 的程序段中不能出现 Z 坐标，否则机床将报警。G71 指令也可以用来加工内孔。

（3）成型加工复式循环（G73）。

格式①：G73 U(Δi) W(Δk) R(d)

格式②：G73 P(ns) Q(nf) U(Δu) W(Δw) F(f) S(s) T(t)

Δi——X 轴方向退刀距离（半径指定）。

Δk——Z 轴方向退刀距离（半径指定）。

d——分割次数。这个值与粗加工重复次数相同。

ns——精加工形状程序的第一个段号。

nf——精加工形状程序的最后一个段号。

Δu——X 方向精加工预留量的距离及方向（直径/半径）。

Δw——Z 方向精加工预留量的距离及方向。

f、s、t——包含在 ns 到 nf 程序段中的任何 F、S 或 T 功能在循环中被忽略，而在 G73 程序段中的 F、S 或 T 功能有效。

G73 循环线路如图 4-17 所示。当 Δi 等于循环部分最大直径减去最小直径差的一半时,第一刀正好和工件相切;当 Δi 比最大直径减去最小直径差的一半小时,第一刀肯定会车到工件。当 Δk 和 Δw 等于零时,轮廓垂直上下。

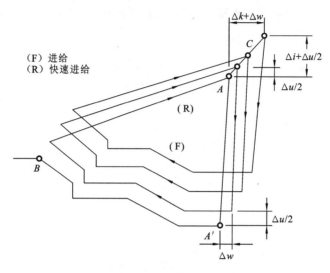

图 4-17   G73 循环线路示意图

7) 螺纹切削循环指令

(1) 格式:G92 X(U) Z(W) I F

X(U)、Z(W)——螺纹切削的终点坐标值。

I——螺纹部分半径之差,即螺纹切削起始点与切削终点的半径差。加工圆柱螺纹时,I＝0。加工圆锥螺纹时,当 X 向切削起始点坐标小于切削终点坐标时,I 为负,反之为正。

G92 指令可以将螺纹切削过程中,从起始点出发"切入—切螺纹—让刀—返回始点"的 4 个动作作为一个循环,用一个程序指令。G92 螺纹切削线路如图 4-18 所示。

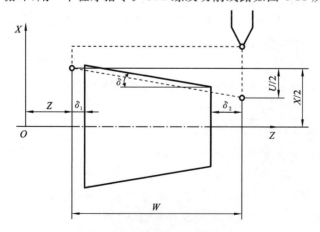

图 4-18   G92 螺纹切削线路示意图

(2) 常用公制螺纹切削的进给次数与背吃刀量如表 4-4 所示。

表 4-4　公制螺纹切削的进给次数与背吃刀量　　（单位：mm）

螺距		1.0	1.5	2.0	2.5	3.0	3.5	4.0
牙深		0.649	0.974	1.299	1.624	1.949	2.273	2.598
背吃刀量及切削次数	1 次	0.7	0.8	0.9	1.0	1.2	1.5	1.5
	2 次	0.4	0.6	0.6	0.7	0.7	0.7	0.8
	3 次	0.2	0.4	0.6	0.6	0.6	0.6	0.6
	4 次		0.16	0.4	0.4	0.4	0.6	0.6
	5 次			0.1	0.4	0.4	0.4	0.4
	6 次				0.15	0.4	0.4	0.4
	7 次					0.2	0.2	0.4
	8 次						0.15	0.3
	9 次							0.2

4.2.6　数控铣床与加工中心及其加工

1. 主要功能

数控铣床、加工中心像通用铣床一样都可分为立式、卧式和立卧两用式，其加工功能丰富，各类机床配置的数控系统虽不尽相同，但其主要功能是相同的。数控铣床可进行铣削、钻削、镗削、攻螺纹等加工。加工中心相对于数控铣床的最大特点是可通过自动换刀来实现工序或工步集中，因而加工中心不仅能完成数控铣床的加工内容，更适合于加工形状复杂、工序多、精度要求高、需要通过多种类型机床经过多次装夹才能完成加工的零件。立式加工中心主要用于 Z 轴方向尺寸相对较小的零件的加工；卧式加工中心一般具有回转工作台，特别适合于箱体类零件的加工，一次装夹，可加工箱体的四个表面；立卧两用式加工中心主轴方向能做角度旋转，零件一次装夹后，能完成除定位基准面外的五个面的加工。

2. 机床的加工对象

数控铣床可完成钻孔、镗孔、攻螺纹、外形轮廓铣削、平面铣削、平面型腔铣削及三维复杂型面的铣削加工。

1）平面类零件

平面类零件的特点是各个加工表面是平面，或可以展开为平面。目前在数控铣床上加工的绝大多数零件属于平面类零件。平面类零件是数控铣削加工对象中最简单的一类，一般只需用三坐标数控铣床的两坐标联动就可以加工（即两轴半坐标加工）。

2）变斜角类零件

加工面与水平面的夹角呈连续变化关系的零件称为变斜角零件，如飞机变斜角梁缘条。

3）立体曲面类零件

加工面为空间曲面的零件称为立体曲面类零件。这类零件的加工面不能展成平面，一般使用球头铣刀切削，加工面与铣刀始终为点接触，若采用其他刀具加工，易产生干涉而铣伤邻近表面。加工立体曲面类零件一般使用三坐标数控铣床。

3. 数控铣床与加工中心的特点

(1) 适应性强、灵活性好,能加工轮廓形状特别复杂或难以控制尺寸的零件,如模具类零件、壳体类零件等。

(2) 能加工普通机床无法加工或很难加工的零件,如用数学模型描述的复杂曲线零件以及立体曲面类零件。

(3) 能加工一次装夹定位后,需进行多道工序加工的零件。

(4) 加工精度高,加工质量稳定可靠。目前数控装置的脉冲当量一般为 0.001 mm/脉冲,高精度数控系统的脉冲当量可达 0.1 μm/脉冲,另外,数控加工还避免了操作人员的操作失误。

(5) 生产自动化程度高,可以减轻操作者的劳动强度,有利于生产管理自动化。

(6) 生产效率高。数控铣床一般不需要使用专用夹具等专用工艺设备,在更换工件时只需调用存储于数控装置中的加工程序、装夹工具和调整刀具数据即可,因而大大缩短了生产周期。其次,数控铣床具有铣床、镗床、钻床的功能,使工序高度集中,大大提高了生产效率。另外,数控铣床的主轴转速和进给速度都是无级变速的,因此有利于选择最佳切削用量,提高生产效率。

(7) 从切削原理上讲,无论是端铣还是周铣都属于断续切削方式,而不像车削那样属于连续切削,因此对刀具的要求较高,要其具有良好的抗冲击性、韧性和耐磨性。在干式切削状况下,还要求其有良好的红硬性。

4. 数控铣床与加工中心常用的基本指令

1) 绝对值编程(G90)与增量值编程(G91)

格式:G90 G X Y Z

　　　 G91 G X Y Z

G90——绝对值编程,每个轴上的编程值是相对于程序原点的。

G91——增量值编程,每个轴上的编程值是相对于前一位置而言的,该值等于沿轴移动的距离。

2) 坐标系设定(G92)

格式:G92 X Y Z A

X、Y、Z、A——坐标原点(程序原点)到刀具起点(对刀点)的有向距离。

G92 指令通过设定刀具起点相对于坐标原点的位置来建立坐标系。此坐标系一旦建立起来,后续的绝对值指令坐标都是此坐标系中的坐标值。

3) 坐标平面选择(G17/G18/G19)

格式:G17/G18/G19

该指令选择一个平面,在此平面中进行圆弧插补和刀具半径补偿。

G17 选择 XY 平面,G18 选择 ZX 平面,G19 选择 YZ 平面。

移动指令与平面选择无关。例如在规定了 G17 Z 时,Z 轴照样会移动。

G17、G18、G19 为模态功能,可相互注销,G17 为缺省值。

4) 工件坐标系选择(G54~G59)

使用 G54~G59 设定工件坐标系时,可单独指定,也可以与其他程序段共同指定,如果该程序中有位置指令就会产生运动。使用该指令前,先用 MDI 方式输入设定坐标原点,在程序中使用对应的 G54～G59 指令之一,就可建立工件坐标系,并可使用定位到加工起始点功能。工件坐标系选择如图 4-19 所示。

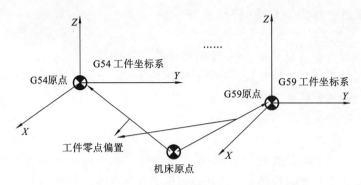

图 4-19　工件坐标系选择(G54～G59)

5) 线性进给指令(G01)

格式:G01 X Y Z F

X、Y、Z——终点坐标。G90 指令下为终点在工件坐标系中的坐标;G91 指令下为终点相对于起点的位移量。

G01 和 F 都是模态代码,G01 可由 G00、G02、G03 或 G33 指令注销。

6) 圆弧进给指令(G02/G03)

(1) 格式:

$$
\begin{Bmatrix} G17 \\ G18 \\ G19 \end{Bmatrix}
\begin{Bmatrix} G02 \\ G03 \end{Bmatrix}
\begin{Bmatrix} X\ Y \\ X\ Z \\ Y\ Z \end{Bmatrix}
\begin{Bmatrix} I\ J \\ I\ K \\ J\ K \\ R \end{Bmatrix}
F
$$

用 G17 进行 XY 平面的指定,省略时就默认为是 G17,但当在 ZX 或 YZ 平面上编程时,平面指定代码 G18 或 G19 不能省略。

不同平面的 G02 或 G03 选择如图 4-20 所示。

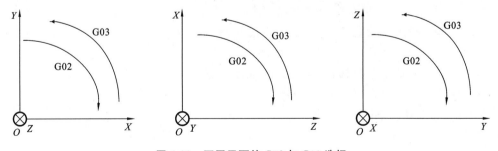

图 4-20　不同平面的 G02 与 G03 选择

(2) 圆弧插补注意事项如下:

① 当圆弧圆心角小于 180°时,R 为正值;

② 当圆弧圆心角大于 180°时,R 为负值;

③ 整圆编程时不可以使用 R,只能用 I、J、K;

④ F 为编程的两个轴的合成进给速度。

7)回参考点控制指令

(1)自动返回到参考点(G28)。

格式:G28 X Y Z

X、Y、Z——指令的终点位置,该指令的终点称之为中间点,而非参考点。在 G90 指令下时为终点在工件坐标系中的坐标;在 G91 指令下为终点相对于起点的位移量。由该指令指定的轴能够自动地定位到参考点。

(2)自动从参考点返回(G29)。

格式:G29 X Y Z

X、Y、Z——指令的定位终点,在 G90 指令下为终点在工件坐标系中的坐标,在 G91 指令下为终点相对于中间点的位移量。此功能可使刀具从参考点经由一个中间点而定位于指定点。通常该指令紧跟在 G28 指令之后,可使所有被指令的轴快速进给,经由之前 G28 指令定义的中间点,然后再到达指定点。

G29 指令仅在其被规定的程序段中有效。

8)刀具半径补偿指令

建立刀补的格式: $\left\{ \begin{matrix} G17 \\ G18 \\ G19 \end{matrix} \right\}$ $\left\{ \begin{matrix} G41 \\ G42 \end{matrix} \right\}$ $\left\{ \begin{matrix} G00 \\ G01 \end{matrix} \right\}$ $\left\{ \begin{matrix} X\ Y \\ X\ Z \\ Y\ Z \end{matrix} \right\}$ D

取消刀补的格式: {G40} $\left\{ \begin{matrix} G00 \\ G01 \end{matrix} \right\}$

其中,D 指令后跟的数值是刀补号,刀补号设有 100 个,即 00～99。它用来调用内存中刀具半径补偿的数值。如 D01 就是调用刀具表中第 1 号刀具的半径值。这一半径值是预先输入在内存刀具表中 01 号位置上的。

在进行刀具半径补偿前,必须用 G17、G18 或 G19 指令指定补偿是在哪个平面上进行的,一般系统默认的是 G17 指令。在多轴联动控制中,投影到平面上的刀具轨迹受到补偿。平面选择的切换必须在补偿取消方式下进行,若在补偿方式下进行,则系统报警。

G40、G41、G42 都是模态指令,可相互注销。

G41 是指沿着加工路线看,刀具在工件的左侧,称为左刀补(或左补偿),如图 4-21(a)所示。

G42 是指沿着加工路线看,刀具在工件的右侧,称为右刀补(或右补偿),如图 4-21(b)所示。

9)坐标系旋转指令(G68/G69)

格式:G68 X Y R

　　　G69

X、Y——旋转中心的坐标值(可以是 X、Y、Z 中的任意两个,由当前平面选择指令确定)。当 X、Y 省略时,G68 指令认为当前的位置即为旋转中心。

R——旋转角度。逆时针旋转定义为正向,反之为负向,一般取绝对坐标。旋转角度的

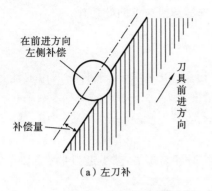

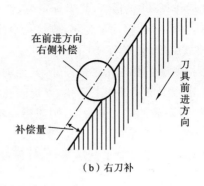

图 4-21　刀具半径补偿

范围为 $-360.0°\sim+360.0°$，无小数点时的精度为 $0.001°$。当 R 省略时，按系统参数确定旋转角度。

10）固定循环指令

（1）常用的固定循环指令能完成的工作有镗孔、钻孔和攻螺纹等。这些循环通常包括下列 6 个基本动作：

① X、Y 轴定位；

② 快速运行到 R 平面；

③ 孔加工；

④ 在孔底的动作；

⑤ 退回到 R 平面；

⑥ 快速返回到起始点。

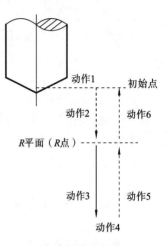

图 4-22　固定循环基本动作

上述 6 个基本动作情况如图 4-22 所示，图中实线表示切削进给，虚线表示快速运动。R 平面为在孔口时，快速运动与进给运动的转换位置。

（2）指令格式如下：

G90(G91) G98(G99) (G73~G88) X Y Z R Q P F K

G90(G91)——绝对（增量）坐标方式；

G98(G99)——返回初始平面（R 平面）；

G73~G88——固定循环指令（选其一）；

X、Y——加工起点到孔位的距离（G91）或孔位坐标（G90）；

R——初始点到 R 点的距离（G91）或 R 点的坐标（G90）；

Z——R 点到孔底的距离（G91）或孔底坐标（G90）；

Q——每次进给的深度（G73/G83）；

P——刀具在孔底的暂停时间；

F——切削进给速度；

K——固定循环的次数。

（3）常用固定循环指令介绍。

① 格式：G81 X Y Z R F

钻孔动作循环,包括 X/Y 坐标定位、快进、进给和快速返回等动作。

注意:如果 Z 的移动量为零,则该指令不执行。

② 格式:G82 X Y Z R P F

G82 指令除了要在孔底暂停外,其他动作与 G81 指令相同。暂停时间由地址 P 给出。G82 指令主要用于加工盲孔,以提高孔深精度。

注意:如果 Z 的移动量为零,则该指令不执行。

③ 格式:G73/G83 X Y Z R Q F K

G73/G83 用于 Z 轴的间歇进给,使深孔加工时容易排屑,减少退刀量,可以进行高效率的加工。

注意:Z、K、Q 的移动量为零时,该指令不执行。

④ 格式:G74 X Y Z R P F K

攻反螺纹时主轴反转,到孔底时主轴正转,然后退回。

注意:(a) 攻螺纹时速度倍率、进给保持均不起作用;

(b) R 点应选在距工件表面 7 mm 以上的地方;

(c) 如果 Z 的移动量为零,则该指令不执行。

⑤ 格式:G84 X Y Z R P F K

攻螺纹时从 R 点到 Z 点主轴正转,在孔底暂停后,主轴反转,然后退回。

注意:(a) 攻螺纹时速度倍率、进给保持均不起作用;

(b) R 点应选在距工件表面 7 mm 以上的地方;

(c) 如果 Z 的移动量为零,则该指令不执行。

4.3 工业机器人技术

工业机器人是机器人家族中的重要一员,也是目前在技术上发展最成熟、应用最多的一类机器人。世界各国对工业机器人的定义不尽相同。

美国工业机器人协会(RIA)的定义:机器人是用来搬运物料、部件、工具或专门装置的可重复编程的多功能操作器,并可通过改变程序的方法来完成各种不同的任务。

日本工业机器人协会(JIRA)的定义:工业机器人是一种装备有记忆装置和末端执行器的能够完成各种移动来代替人类劳动的通用机器。

德国标准(VDI)中的定义:工业机器人是具有多自由度的能进行各种动作的自动机器,它的动作是可以顺序控制的。轴的关节角度或轨迹可以不靠机械调节,而由程序或传感器加以控制。工业机器人具有执行器、工具及制造用的辅助工具,可以完成材料搬运和制造等操作。

国际标准化组织(ISO)对工业机器人的定义:工业机器人是一种能自动控制,可重复编程,多功能、多自由度的操作机,能搬运材料、工件或操持工具,完成各种作业。

目前国际上大都遵循 ISO 所下的定义。

国际上第一台工业机器人产品诞生于 20 世纪 60 年代,当时其作业能力仅限于上、下料这类简单的工作。此后工业机器人进入了一个缓慢的发展期。直到 20 世纪 80 年代,工业机器人产业才得到了巨大的发展。

进入 20 世纪 90 年代以后,装配机器人和柔性装配技术得到了广泛的应用,并进入了大发展时期。现在工业机器人已发展成为一个庞大的家族,并与数控、可编程控制器一起成为工业自动化的三大技术支柱和基本手段,广泛应用于制造业的各个领域之中。

4.3.1　工业机器人的基本组成及技术参数

1. 工业机器人的基本组成

如图 4-23 所示,一台完整的工业机器人由以下几个部分组成:操作机、驱动系统、控制系统以及可更换的末端执行器。

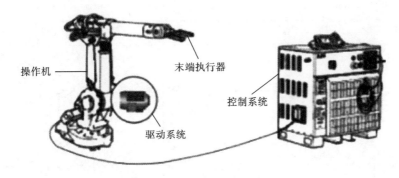

图 4-23　工业机器人的基本组成

1)操作机

操作机是工业机器人的机械主体,是用来完成各种作业的执行机械。它因作业任务不同而有各种结构形式和尺寸。工业机器人的"柔性"除体现在其控制装置可重复编程方面外,还和其操作机的结构形式有很大关系。工业机器人中普遍采用的关节型结构,具有类似人体腰、肩和腕等的仿生结构。

2)驱动系统

工业机器人的驱动系统是指驱动操作机运动部件动作的装置,也就是工业机器人的动力装置。工业机器人使用的动力源有:压缩空气、压力油和电能。因此相应的动力驱动装置就是气缸、油缸和电动机。这些驱动装置大多安装在操作机的运动部件上,所以要求其结构小巧紧凑、重量轻、惯性小、工作平稳。

3)控制系统

控制系统是工业机器人的"大脑",它通过各种控制电路硬件和软件的结合来操纵工业机器人,并协调工业机器人与生产系统中其他设备的关系。普通机器设备的控制装置多注重其自身动作的控制。而工业机器人的控制系统还要注意建立其自身与作业对象之间的控制联系。一个完整的控制系统除了作业控制器和运动控制器外,还包括控制驱动系统的伺服控制器以及检测工业机器人自身状态的传感器反馈部分。现代工业机器人的电子控制装置可由可编程控制器、数控控制器或计算机构成。控制系统是决定工业机器人功能和水平的关键部分,也是工业机器人系统中更新和发展最快的部分。

4)末端执行器

工业机器人的末端执行器是指连接在操作机腕部的直接用于作业的机构,它可能是用于抓取、搬运的手部(爪),也可能是用于喷漆的喷枪,用于焊接的焊枪、焊钳,或打磨用的砂轮以及检测用的测量工具等。工业机器人操作机腕部有用于连接各种末端执行器的机械接口,按作业内容选择的不同手爪或工具就装在其上,这进一步扩大了机器人作业的范围。

2. 工业机器人的技术参数

1) 自由度

自由度是指工业机器人所具有的独立坐标轴运动的数目,不包括末端执行器的开合自由度。如表 4-5 所示的单自由度关节通常实现平移、回转或旋转运动。在完成某一特定作业时具有多余自由度的工业机器人,称为冗余自由度机器人,亦可简称冗余度机器人。

表 4-5 单自由度关节

名　称	符　号	举　例
平移		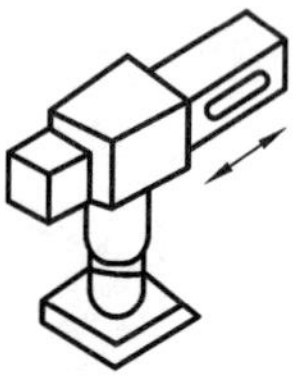
回转	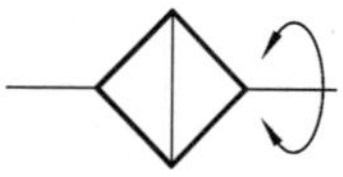	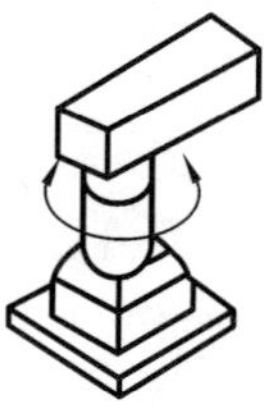
旋转(1)	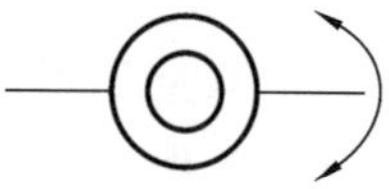	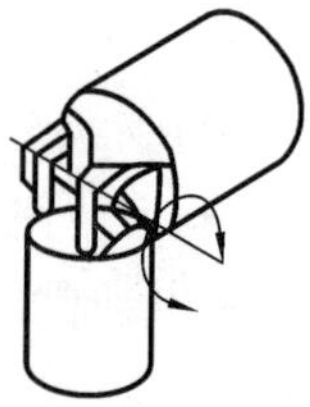
旋转(2)	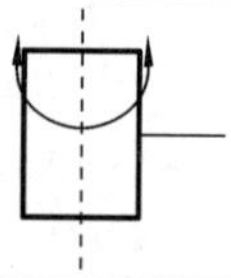	

2) 定位精度和重复定位精度

工业机器人的工作精度主要指定位精度和重复定位精度。定位精度也称绝对精度,是指工业机器人末端执行器实际到达位置与目标位置之间的差异。重复定位精度(或简称重复精度)是指工业机器人重复定位其末端执行器于同一目标位置的能力,可以用标准偏差来表示,它用于衡量一列误差值的密集度,即重复度,如图 4-24 所示。

工业机器人具有绝对精度低、重复精度高的特点。一般而言,工业机器人的绝对精度要比重复精度低一到两个数量级,造成这种情况的原因主要是控制器根据工业机器人的运动学模型来确定末端执行器的位置,而这个理论上的模型与实际工业机器人的物理模型存在一定误差。大多数商品化工业机器人都是以示教再现方式工作,由于重复精度高,示教再现

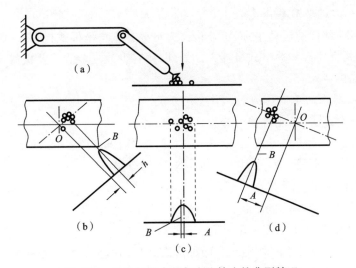

图 4-24　工业机器人重复定位精度的典型情况

方式可以使工业机器人很好地工作。而对于采用其他编程方式(如离线编程方式)的工业机器人来说,绝对精度就成为了其关键指标。

　3)　工作空间

工作空间是指工业机器人操作机的手臂末端或手腕中心所能到达的所有点的集合,也称为工作区域、工作范围。因为末端执行器的形状和尺寸是多种多样的,为了真实反映工业机器人的特征参数,工作空间是指不安装末端执行器时的工作区域。工作空间的形状和大小是十分重要的,工业机器人在执行某种作业时可能会由于存在末端执行器不能到达的作业死区而不能完成任务。

　4)　最大工作速度

最大工作速度,有的厂家指主要自由度上最大的稳定速度,有的厂家指操作机手臂末端最大的合成速度,通常都在技术参数中加以说明。很明显,工作速度越大,工作效率越高。但是,工作速度越大就要花费越多的时间去升速或降速,或者对工业机器人最大加速度的要求越高。

　5)　承载能力

承载能力是指工业机器人在工作空间内的任何位姿上所能承受的最大重量。承载能力不仅取决于负载的重量,而且还与工业机器人运动的速度和加速度的大小和方向有关。安全起见,承载能力这一技术指标是指高速运行时的承载能力。通常,承载能力不仅指负载,而且还包括了工业机器人末端执行器的重量。

4.3.2　工业机器人的分类及应用

1.工业机器人的分类

　1)　按作业用途分类

依据具体的作业用途,工业机器人可分为点焊机器人、搬运机器人、喷漆机器人、涂胶机器人以及装配机器人等。

2) 按操作机的运动形态分类

按操作机运动部件的运动坐标,工业机器人可分为直角坐标式机器人、极(球)坐标式机器人、圆柱坐标式机器人和关节式机器人。另外,还有少数复杂的工业机器人是采用以上方式组合的组合式机器人。

3) 按工业机器人的承载能力和工作空间分类

按照这种分类方法,工业机器人分为:

大型机器人——承载能力为 $1000\sim10000$ N,工作空间为 10 m^3 以上。

中型机器人——承载能力为 $100\sim1000$ N,工作空间为 $1\sim10$ m^3。

小型机器人——承载能力为 $1\sim100$ N,工作空间为 $0.1\sim1$ m^3。

超小型机器人——承载能力小于 1 N,工作空间小于 0.1 m^3。

4) 按工业机器人的自由度数目分类

操作机各运动部件的独立运动只有两种形态:直线运动和旋转运动。工业机器人腕部的任何复杂运动都可由这两种运动来合成。工业机器人的自由度数目一般为 $2\sim7$,简易型的为 $2\sim4$,复杂型的为 $5\sim7$。自由度数目越大,工业机器人的柔性越大,但结构和控制也就越复杂。

5) 按工业机器人控制系统的编程方式分类

直接示教机器人:工作人员手把手示教或用示教盒示教。

离线示教(或离线编程)机器人:不对实际作业的工业机器人直接示教,而是脱离实际作业环境生成示教数据,间接地对工业机器人进行示教。

6) 按工业机器人控制系统的控制方式分类

点位控制机器人:只控制到达某些指定点的位置精度,而不控制其运动过程。

连续轨迹控制机器人:对运动过程的全部轨迹进行控制。

7) 按工业机器人控制系统的驱动方式分类

按这种分类方法,工业机器人可分为气动机器人、液压机器人和电动机器人。

8) 其他分类

在工业机器人发展史上,还有一种按其发展阶段进行分类的方式。

第一代机器人:不具备传感器反馈信息的机器人,如固定程序的机械手或主从式操作机。从严格意义上讲,这类设备不是机器人而是机械手。

第二代机器人:具有传感器反馈信息的可编程的示教再现式机器人。目前在工业应用上占统治地位。

第三代机器人:智能机器人。它除了有内部反馈信息外,还装有各种检测外部环境的传感器,可识别、判断外部条件,对自身的动作做出规划,合理高效地完成作业。

2. 工业机器人的应用

工业机器人主要应用在以下三个方面。

1) 恶劣、危险的工作场合

这个领域的作业一般有害于健康并危及生命或不安全因素很多而不宜于人去做,用工业机器人去完成是最适宜的。比如核电站蒸汽发生器检测机器人,可在有核污染的环境下代替人进行作业。又如,爬壁机器人特别适合超高层建筑外墙的喷涂、检查、修理工作。

2) 特殊作业场合

这个领域对人来说是力所不及的,只有机器人才能进行作业。如航天飞机上用来回收卫星的操作臂,在狭小容器内(人和一般设备是无法进入的)进行检查、维护和修理作业的具有 7 个自由度的机械臂。尤其是微米级电机、减速器、执行器等机械装置及显微传感器组装的微型机器人的出现,更拓宽了工业机器人特殊作业场合的范围。

3) 自动化生产领域

早期工业机器人在生产上主要用于机床上下料、点焊和喷漆作业。随着柔性自动化的出现,工业机器人扮演了更重要的角色,如焊接机器人、搬运机器人、检测机器人、装配机器人、喷漆和喷涂机器人以及其他用于诸如密封和粘贴、清砂和抛光、熔模铸造和压铸、锻造等作业的机器人。

综上所述,工业机器人的应用给人类带来了许多好处,如减少劳动力费用、提高生产效率、改进产品质量、增大制造过程的柔性、减少材料浪费、控制和加快库存的周转、降低生产成本、消除了危险和恶劣的劳动岗位等。

我国工业机器人的应用前景十分广阔,但我国工业基础比较薄弱,劳动力比较丰富、低廉,给工业机器人的发展和应用带来了一定的困难。只有开发符合我国国情的工业机器人,才能推动和加快我国工业机器人的发展和应用。

4.3.3 工业机器人的机械本体

工业机器人的结构类型繁多,关节型工业机器人在相同的几何参数和运动参数条件下具有较大的工作空间,所以是商用工业机器人的优选型式。下面以新时达公司的工业机器人为例进行介绍。

工业机器人的机械本体是用来完成各种作业的执行机构,类似于人的手臂。它主要由机械臂、驱动装置、传动单元及内部传感器等部分组成。由于工业机器人需要实现快速而频繁的启停、精确的到位和运动,所以必须采用位置传感器、速度传感器等检测元件实现位置、速度和加速度闭环控制。为了适应不同的用途,工业机器人机械本体最后一个轴的机械接口通常为一连接法兰,可以装接不同的末端执行器,如夹紧爪、吸盘、焊枪等。

新时达公司的 SD 系列、SA 系列、SR 系列工业机器人是六关节串联型机器人,SP 系列工业机器人是四关节串联型机器人。六关节串联型机器人由六根旋转轴组成。

新时达公司的 SA1400 工业机器人的机械本体如图 4-25 所示。

图 4-25 中,底座是基础部分,起支撑作用。整个执行机构和驱动装置都安装在底座上。固定式工业机器人的底座直接连接在地面上;移动式工业机器人的底座则安装在移动机构(如导轨、滑台)上。

旋转座是工业机器人的腰部,是手臂的支撑部分。根据坐系系的不同,旋转座可以在底座上转动。

大臂是连接机身和手腕的部分,由动力关节和连接杆件构成。它是执行机构中的主要运动部件,也称为主轴,主要用于改变手腕和末端执行器的空间位置。

手腕是连接末端执行器和手臂的部分,主要用于改变末端执行器的空间姿态。

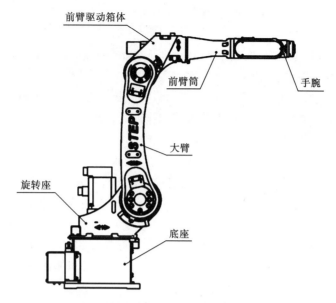

图 4-25 SA1400 机械本体示意图

每个关节上有一个电动机,六个关节就有六个电动机,如图 4-26 所示。

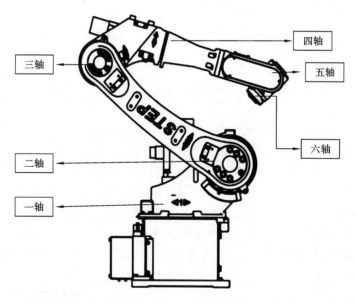

图 4-26 SA1400 关节示意图

4.3.4 工业机器人的运动轴及坐标系

1. 工业机器人运动轴

工业机器人在生产应用中,除了本身的性能特点要满足作业要求外,一般还需要配置相应的外围设备,如工件的工装夹具,转动工件的回转台、翻转台,移动工件的移动台等。这些外围设备的运动和位置控制都要与工业机器人相配合,并具有相应的精度。通常工业机器人运动轴可以分为机器人轴、基座轴和工装轴,基座轴和工装轴统称为外部轴。机器人轴是机器人操作机的轴,属于工业机器人本身;基座轴是使工业机器人移动的轴的总称,主要指行走轴(移动滑台或导轨);工装轴是除机器人轴、基座轴之外的轴的总称,指使得工件、工装夹具翻转和回转的轴,如回转台、翻转台等。

新时达六轴机器人有六个可活动的关节,分别定义为 A1、A2、A3、A4、A5、A6。其中 A1、A2、A3 用于保证末端执行器末端点到达工作空间中的任意位置,A4、A5、A6 用于实现工具末端点的任意空间姿态。

2. TCP

TCP(tool centre point)为工业机器人系统的控制点,出厂时默认位于法兰的中心。安装末端执行器后,TCP 将发生变化。为实现精确运动控制,当更换末端执行器或者末端执行器碰撞时,都需要重新进行末端执行器示教。

3. 关节坐标系

工业机器人的运动实质是根据不同的作业内容、轨迹的要求,在各种坐标系下的运动。即对工业机器人进行示教或者手动操作时,其运动方式是在不同的坐标系下进行的。所以在工业机器人系统中,可使用关节坐标系、世界坐标系、基坐标系、工具坐标系、工件坐标系。而世界坐标系、基坐标系、工具坐标系、工件坐标系又属于笛卡儿坐标系。

1) 世界坐标系

世界坐标系是工业机器人示教与编程中经常要使用的坐标系。工业机器人如果固定在地面上,则世界坐标系的原点是底座的中心点,向前为 X 轴正向,向上为 Z 轴正向,Y 轴正向按照右手定则确定。不管工业机器人在什么位置,TCP 均可沿着设定的 X 轴、Y 轴、Z 轴平行移动和绕着 X 轴、Y 轴、Z 轴旋转。

2) 基坐标系

基坐标系以工业机器人底座中心为原点,向前为 X 轴正向,向上为 Z 轴正向,Y 轴正向按照右手定则确定。当工业机器人固定在地面上不动时,我们规定基坐标系与世界坐标系是重合的,此时 TCP 在基坐标系下的各轴的运动方向与上述世界坐标系的相同,在此不详细介绍。

3) 工具坐标系

工具坐标系的原点定义在 TCP,X 轴、Y 轴、Z 轴由用户自己定义,在示教器上进行工具示教可确认。由于工具装在法兰上,随着工业机器人六个轴移动,因此工具坐标系是时刻在变化的。

4) 用户自定义坐标系

为了作业方便,用户可自行定义坐标系,如工作台坐标系和工件坐标系,且可以根据需要定义多个坐标系。当工业机器人配备多个工作台时,选择用户自定义坐标系可使操作更为简单。在自定义坐标系下,TCP 将沿着用户自定义的坐标轴方向运动。

总结:

(1) 不同工业机器人的坐标系的功能是等同的,即工业机器人在关节坐标系下完成的动作同样可以在笛卡儿坐标系下实现。

（2）工业机器人在关节坐标系下的动作是单轴运动,而在笛卡儿坐标系下是多轴联动的。

（3）定点时被工业机器人记录下来的过程称为示教。

4.3.5 工业机器人示教器的简单编程

1. 变量的分类

变量分为系统变量、全局变量、工程变量、程序变量。

系统变量是不能编辑的,目前有两个系统变量:WORLD 和 ROBOTBASE。

全局变量是可以被所有工程所有程序调用的变量。

工程变量是可以被某工程下所有程序都调用的变量。

程序变量是可以被某工程下某程序调用的变量。

2. 基本变量的介绍

常用基本变量如表 4-6 所示。

表 4-6 常用基本变量

符 号	类 型	取 值 范 围	对应 C++类型
BOOL	布尔类型	TRUE(1)/FALSE(0)	Bool
INT	整型	$-2^{15} \sim 2^{15}-1$	Short
UINT	无符号整型	$0 \sim 2^{16}-1$	Unsigned short
LINT	长整型	$-2^{31} \sim 2^{31}-1$	Long int(其实与 int 长度相同)
ULINT	无符号长整型	$0 \sim 2^{32}-1$	Unsigned long int
FLOAT(REAL)	单精度浮点类型	—	Float
DOUBLE(LREAL)	双精度浮点类型	—	Double
STRING	字符串类型	—	String/char[]

3. 运动语句

（1）PTP:点位运动。

工业机器人以最快方式到达指定位置,中间路径不定,如图 4-27 所示。

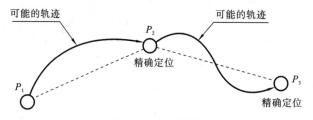

图 4-27 点位运动

运动语句示例:

Tool(jian);

PTP(zhunbei1);

PTP(zuoye1);

PTP(zuoye2);

(2) Lin：直线运动。

工业机器人末端沿直线运动到指定位置，姿态、轨迹确定，如图 4-28 所示。

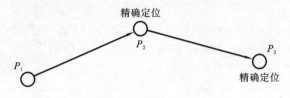

图 4-28　直线运动

运动语句示例：

Tool(jian);

PTP(zhunbei1);

Lin(zuoye1);

Lin(zuoye2);

(3) Circ：圆周运动。

工业机器人末端沿圆弧运动到指定位置，姿态不定、轨迹确定，如图 4-29 所示。

运动语句示例：

Tool(jian);

PTP(zhunbei1);

Lin(zuoye1);

Circ(zuoye2,zuoye3);

(4) CircleAngle：带角度的圆周运动。

工业机器人末端沿圆弧运动到指定位置，具体轨迹不是由起始点、辅助点、目标点确定的整段圆弧，而是由角度确定的一段圆弧，姿态确定、轨迹确定，如图 4-30 所示。

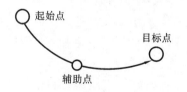

图 4-29　圆周运动

图 4-30　带角度的圆周运动

运动语句示例：

Tool(jian);

PTP(zhunbei1);

Lin(zuoye1);

CircleAngle(zuoye2,zuoye3,real0);

(5) PTPRel(dist,dyn,ovl)：点到点相对运动命令。移动的距离是相对工业机器人初始位置（该位置取决于前一个运动指令）而言的，如图 4-31 所示。

运动语句示例：

Tool(jian);

PTP(zhunbei1);

Lin(zuoye1);

PTPRel(apd0);

(6) LinRel(dist,dyn,ovl,ori)：相对直线运动命令。移动的距离是相对工业机器人初始位置(该位置取决于前一个运动指令)而言的,如图 4-32 所示。

图 4-31　点到点相对运动　　　　　图 4-32　相对直线运动

运动语句示例：

Tool(jian);

PTP(zhunbei1);

Lin(zuoye1);

LinRel(apd0);

(7) WaitTime(time_1s)：指令暂停机器人 1 s。

运动语句示例：

Tool(jian);

PTP(zhunbei1);

Lin(zuoye1);

WaitTime(time_1s);

Lin(zuoye2);

4.3.6　工业机器人工作站

工业机器人工作站是指使用一台或多台工业机器人,配以相应的周边设备,用于完成某一特定工序作业的独立生产系统,也可称为工业机器人工作单元。它主要由工业机器人及其控制系统、辅助设备以及其他周边设备所构成。在这种构成中,工业机器人及其控制系统应尽量选用标准装置,对于个别特殊的场合,需设计专用机器人(如冶金行业的热钢坯的搬运机器人)。而末端执行器等辅助设备以及其他周边设备则因应用场合和工件特点的不同而存在较大差异,这里只阐述一般的工作站的构成和设计原则,并结合实例加以简要说明。

1. 工业机器人工作站的构成

某摩托车车架主管预焊工业机器人工作站及其组成设备如图 4-33 所示。

其工作顺序是：

(1) 在夹具体 A 上,人工安置散件,并用气动夹具夹紧(图中未画夹具)。

(2) 工业机器人手持焊枪,完成夹具体 A 的上面焊缝的预焊。

(3) 变位机将夹具体 A 绕水平轴旋转 180°后定位。

(4) 工业机器人手持焊枪,完成夹具体 A 的下面焊缝的预焊。

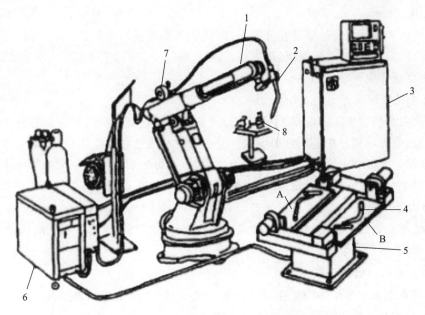

图 4-33　工业机器人工作站示意图

1—工业机器人；2—末端执行器；3—工业机器人控制柜；4—工件；
5—三轴变位机；6—焊机；7—送丝机；8—焊枪清理装置；A、B—夹具体

（5）变位机使夹具体转回到初始位置。

（6）转台绕垂直轴旋转 180°，交换工件（夹具体 B 换到机器人作业位置）。

（7）人工取出夹具体 A 上的已焊工件，进入下一焊接循环。

这个工作站的特点在于人工装卸工件的时间小于工业机器人焊接工件的时间，可以充分地利用工业机器人，生产效率高；操作者远离工业机器人工作空间，安全性好；采用转台交换工件，整个工作站占用面积相对较小，整体布局也利于工件的物流。

从该工作站实例可以看出，一般情况下，一个工业机器人工作站应由以下几个部分构成。

1）工业机器人

工业机器人是工业机器人工作站的组成核心，应尽可能选用标准工业机器人，其控制系统一般随机器人型号已经确定。若有某些特殊要求，如希望再提供几套外部联动控制的控制单元、视觉系统、传感器等，可以单独提出，由工业机器人生产厂家提供配套装置。

2）末端执行器

末端执行器也称工具，是工业机器人的主要辅助设备，也是工作站中的重要组成部分。同一台工业机器人安装不同的末端执行器，可完成不同的作业，用于不同的生产场合。多数情况下末端执行器需要专门设计，它与工业机器人的机型、总体布局、工作顺序都有直接关系。

3）夹具和变位机

夹具和变位机是固定作业对象并改变其相对于工业机器人的位置和姿态的设备，它可在工业机器人规定的工作空间和灵活度条件下进行高质量作业。

4）底座

工业机器人必须牢固地安装在底座上,因此底座必须具有足够的刚度。对不同的作业对象,底座可以是标准正立支撑座、侧支座或倒挂支座。有时为了加大工业机器人的工作空间,底座往往设计成移动式的。

5）配套及安全装置

配套及安全装置是工业机器人及其辅助设备的外围设备及配件。它们各自相对独立,且比较分散,但每一部分都是不可缺少的。配套及安全装置包括配套设备、电气控制柜、操作箱、安全保护装置和走线走管保护装置等。例如,弧焊机器人工作站中的焊接电源、焊枪和送丝机构是一套独立的配套设备,安全栅以及操作区的对射型光电管等起安全保护作用。

6）动力源

工业机器人的周边设备多采用气体或液体作为动力,因此,常需配置气压站或液压站以及相应的管线、阀门等装置。

7）作业对象的储运设备

作业对象常需在工作站中暂存、供料、移动或翻转,所以工作站也常配置暂置台、供料器、移动小车或翻转台架等设备。

8）检查、监视和控制系统

检查和监视系统对于某些工作站来说是非常必要的,特别是用于生产线的工作站。工业机器人工作站多是一个自动化程度相当高的工作单元,有自己的控制系统。目前工作站的控制系统多使用 PLC 系统,该系统既能管理本站有序的正常工作,又能和上级管理计算机相连,向它提供各种信息,比如产品计数等。

2. 工业机器人工作站的一般设计原则

由于工作站的设计是一项较为灵活多变、关联因素甚多的技术工作,这里将共同因素抽取出来,得出一些一般的设计原则。以下归纳的 10 条设计原则,共同体现了工作站用户的多方面需要。

(1) 设计前必须充分分析作业对象,拟定最合理的作业工艺。

(2) 必须满足作业的功能要求和环境条件。

(3) 必须满足生产节拍要求。

(4) 整体及各组成部分必须全部满足安全规范及标准。

(5) 各设备及控制系统应具有故障显示及报警装置。

(6) 便于维护修理。

(7) 操作系统应简单明了,便于操作和人工干预。

(8) 操作系统便于联网控制。

(9) 工作站便于组线。

(10) 经济实惠,快速投产。

3. 作业对象及其技术要求

对作业对象(工件)及其技术要求进行认真细致的分析,是整个设计的关键环节,它直接影响工作站的总体布局、机器人型号的选定、末端执行器和变位机等的结构以及其他周边机器的型号等。一般来说，对工件的分析包含以下几个方面：

（1）工件的形状决定了末端执行器和夹具的结构及其定位基准。

（2）工件的尺寸及精度对工业机器人工作站的使用性能有很大的影响。

（3）当工件安装在夹具体上时，需特别考虑工件的质量和夹紧时的受力状况。当工件需工业机器人搬运或抓取时，工件质量是选择工业机器人型号最直接的参考技术参数。

（4）工件的材料和强度对工作站的动力形式、夹具的结构设计、末端执行器的结构以及其他辅助设备的选择都有直接的影响。

（5）工作环境也是工业机器人工作站设计中需要注意的一个方面。

（6）技术要求是用户对设计人员提出的技术期望，它是可行性研究和系统设计的主要依据。

4．工作站的功能要求

工业机器人工作站的生产作业是由工业机器人连同它的末端执行器、夹具和变位机以及其他周边设备等共同完成的，其中起主导作用的是工业机器人，所以工作站的功能要求在选择工业机器人时必须首先满足。选择工业机器人，可从以下三个方面考虑：

1）确定工业机器人的持重能力

工业机器人手腕所能抓取的重量是其重要性能指标。

2）确定工业机器人的工作空间

工业机器人手腕基点的动作范围就是工业机器人的名义工作空间，它是工业机器人的另一个重要性能指标。需要指出的是，末端执行器装在手腕上后，作业的实际工作点会发生改变。

3）确定工业机器人的自由度

在工业机器人持重和工作空间上满足工作站的功能要求后，还要分析它是否可以满足作业的姿态要求。自由度越多，工业机器人的机械结构与控制就越复杂，所以通常情况下，少自由度能完成的作业，就不要盲目选用更多自由度的工业机器人去完成。

总之，为了满足功能要求，选择工业机器人时必须从持重、工作空间、自由度等方面来分析，只有同时满足或增加辅助装置后才能满足时，所选用的工业机器人才是可用的。工业机器人的选用也常受市场供应因素的影响，所以，还需考虑成本及可靠性等问题。

5．工作站对生产节拍的要求

生产节拍是指完成一个工件规定的处理作业内容所要求的时间，也就是用户规定的年产量对工作站工作效率的要求。生产周期指工作站完成一个工件规定的处理作业内容所需要的时间。

在总体设计阶段，首先要根据计划年产量计算出生产节拍，然后对具体工件进行分析，计算各个处理动作的时间，确定工件的生产周期。将生产周期与生产节拍进行比较，当生产周期小于生产节拍时，说明这个工作站可以完成预定的生产任务；当生产周期大于生产节拍时，说明这个工作站不具备完成预定生产任务的能力，这时就需要重新研究这个工作站的总体设计构思。

6．安全规范及标准

工作站的主体设备——工业机器人，是一种特殊的机电一体化装置，因而与其他设备的运行特性不同。工业机器人在工作时是以高速运动的形式掠过比其底座大很多的空间，其手臂各杆的运动形式和起动难以预料，有时会随作业类型和环境条件而改变。同时，在其关节驱动器通电的情况下，维修及编程人员有时需要进入工作空间，且由于工业机器人的工作空间常与其周边设备工作区重合，从而极易产生碰撞、夹挤或因手爪松脱而使工件飞出等危险，特别是在工作站内多台工业机器人协同工作的情况下产生危险的可能性更大。所以在工作站的设计中必须充分分析可能的危险情况，估计可能的事故风险，制定相应的安全规范和标准。

4.3.7 工业机器人生产线

工业机器人生产线是由两个或两个以上的工业机器人工作站、物流系统和必要的非工业机器人工作站组成，完成一系列以工业机器人作业为主的任务的连续生产自动化系统。

图 4-34 所示是某汽车的前后挡风玻璃密封胶涂刷作业生产线。人工将玻璃存储车送入生产线 1 站中，再由专用的搬运装置送到 2 站，然后通过一次涂刷（3 站）、干燥（4 站）、密封胶涂刷（5 站）等工作站完成规定的作业内容，最后由玻璃翻转、搬出工作站（6 站）中的工业机器人将成品搬出该生产线，并转送到汽车总装生产线上。6 站的这个工业机器人是总装生产线与该条子生产线的连接点，它是子生产线的末端，也是总装生产线的部件搬入装置。该生产线共由 6 个工作站组成，其中一次涂刷、密封胶涂刷和玻璃翻转及搬出 3 个工作站使用了工业机器人，其他工作站配备了专用装置。2～6 站之间玻璃的搬运使用了同步移动机构。该生产线还配置了密封胶送料泵及定量送料装置等辅助设备。

由该实例可看出，工业机器人生产线一般应由以下几部分构成。

1）工业机器人工作站

在工业机器人生产线中，工业机器人工作站是既相对独立，又与外界有着密切联系的部分。它在作业内容、周边装置、动力系统方面往往是独立的，但在控制系统、生产管理和物流等方面又与其他工作站以及上位管理计算机系统成为一体。

可见，工业机器人工作站与生产线的联系就在于采用了各站工件同步移动的传送装置，使工件运动起来，不断地自动输入、送出工件。另外，工作站中工业机器人及运动部件的工作状态必须经控制系统与上位管理计算机系统建立联系，从而使各站的工作协调起来。

2）非工业机器人工作站

工业机器人生产线中，除含有工业机器人的工作站之外，其他工作站统称为非工业机器人工作站。这也是工业机器人生产线的一个重要组成部分，具体可分为 3 类：专用装置工作站，人工处理工作站和空设站。

（1）专用装置工作站。在某些工件的作业工序中，有些作业不需要使用工业机器人，只需要使用专用装置就可以完成。由专用装置组成的工作站称为专用装置工作站。

（2）人工处理工作站。在工业机器人生产线中，有些工序一时难以使用工业机器人完成，或使用工业机器人会花费很大的投资，而效果并非十分有效，这就产生了必不可少的人工处理工作站。在目前的多数工业机器人生产线上或多或少都设有这种工作站，尤其在汽车总装生产线上。

（3）空设站。工业机器人生产线中，有一些工作站上并没有具体的作业，工件只是经过

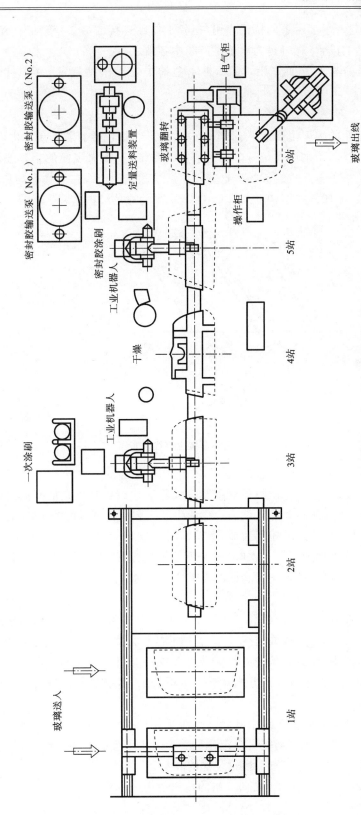

图4-34 密封胶涂刷作业生产线总体示意图

此站,这种工作站起着承上启下的桥梁作用,把各工作站连接成一条"流动"的生产线,被称为空设站。空设站的设置,有时是为满足生产线中各站之间一定的节距、相同生产节拍等要求,有时是起一定的其他方面作用,如图 4-34 中的干燥工作站就是一种空设站,起干燥作用。

3）工业机器人子生产线

大规模生产企业的大型生产线(如汽车的总装线),往往包含着若干条小生产线,称之为工业机器人子生产线。子生产线是一个相对独立的系统,一条大规模的生产线可看作由一条主生产线和若干条子生产线组成的。这些子生产线和主生产线在其输出端和输入端用某种方式建立起联系,形成树状结构形式。如图 4-35 所示的是汽车总装生产线。

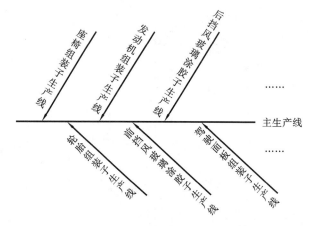

图 4-35　汽车总装生产线示意图

4）中转仓库

根据生产线的要求,某些生产线需要存储各种零部件或成品。它们有的是外线转来的零部件,由操作者或无人搬运车存入库内。作为生产线和子生产线的源头,或作为工作站的散件库,或在生产线的作业过程中起暂放、中转作用,或用于将生产线的成品分类入库,所有这些用于存储的装置统称为中转仓库(也称为暂存仓库或缓存仓库)。随着工厂自动化水平的不断提高,生产线中设立各种中转仓库的需求会越来越多。

5）物流系统

物流系统是工业机器人生产线的一个重要组成部分,它担负着各工作站之间工件的转运、定位、夹紧,工件的出库入线或出线入库,各站的散件入线等工作。物流系统将各个独立的工作站单元连接起来,成为一条流动的生产线系统。生产线规模越大,自动化程度越高,物流系统就越复杂。它常用的传送方式有链式运输、带式运输、专用搬运机、无人小车搬运和同步移动机构等。

密封胶涂刷工业机器人生产线中的物流系统采用的是同步移动装置,如图 4-36 所示。各站中工件是用固定于本站的真空吸盘定位的,2~5 站还有供工件移动的真空吸盘,它们安装在同一个框架上,框架在气缸和齿轮装置的驱动下,整体向前移动一个站距,完成工件的传送。工件入线由人工完成。1 站向 2 站的传送使用了专用搬运装置。工件出线则由工业机器人完成。

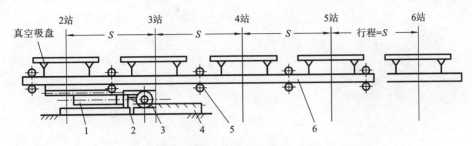

图 4-36　密封胶涂刷工业机器人生产线中的物流系统

1—气缸；2—上齿条；3—齿轮；4—下齿条；5—导向支撑轮；6—整体移动框架

6）动力系统

动力系统是工业机器人生产线必不可少的一个组成部分，它驱动各种装置和机构运动，实现预定的动作。动力系统可分为 3 种类型，即电动、液动和气动。一条生产线中可单独使用其中一种类型，也可混合使用。

7）控制系统

控制系统是工业机器人生产线的神经中枢，它接收外部信息，经过处理后发出指令，指导各职能部门按照规定的要求协调作业。一般生产线的控制系统可以分为 3 层，即主生产线控制—子生产线控制—工作站控制，并构成相互联系的信息网络，如图 4-37 所示。

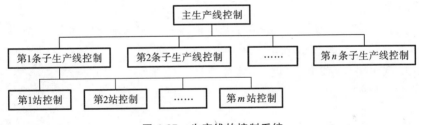

图 4-37　生产线的控制系统

8）辅助设备及安全装置

工业机器人生产线的一些辅助设备也是必不可少的，甚至是至关重要的。

安全装置是工业机器人生产线中十分重要的组成部分，它直接关系到人身和设备的安全以及生产线能否正常工作。

4.4　人机工程技术

4.4.1　人机工程学的起源与发展

1. 人机工程学的定义

2000 年 8 月国际人机工程学学会（international ergonomics association，IEA）给出了人机工程学的定义：人机工程学是研究人在某种工作环境中的解剖学、生理学和心理学等方面的因素；研究人和机器及环境的相互作用；研究在工作中、家庭中和闲暇时怎样考虑人的健康、安全、舒适性和工作效率的学科（见图 4-38）。

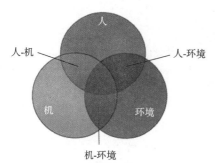

图 4-38 人机工程学基本定义示意图

根据《中国企业管理百科全书》的定义,人机工程学研究人和机器、环境的相互作用及其合理结合,使设计的机器与环境系统适合人的生理、心理等特性,达到在生产中提高效率,保证安全、健康和舒适的目的。

根据《辞海》的定义,人机工程学是运用人体测量学、生理学、心理学和生物力学以及工程学等学科的研究方法和手段,综合地进行人体结构、功能、心理以及力学等问题研究的学科。

目前,人机工程学领域公认的关于人、机、环境的具体含义如下:人,指操作者或使用者;机,泛指人操作或使用的物,如工业产品、设备设施、建筑结构、环境规划、生活用品等;环境,指人、机所处的周围环境,如作业场所和空间、物理化学环境和社会环境等。

一般来说,人机工程学是以人的生理、心理特性为依据,应用系统工程的观点,分析研究人与机器、人与环境以及机器与环境之间的相互作用,为设计操作简便、省力、安全、舒适,人-机-环境的配合达到最佳状态的工程系统提供理论和方法的科学。

为了达到人机工程学的研究目的,一般来说要从以下三个角度来展开研究工作:

(1) 系统角度。

系统是由发生交互作用的若干子系统结合而成的具有特定功用的有机综合体。

人机工程学并非孤立地以人、机和环境为研究对象,而是从系统化的视角出发,在把人、机、环境视为具有交互作用的有机综合体的前提下,开展具体的研究工作,如图 4-39 所示。

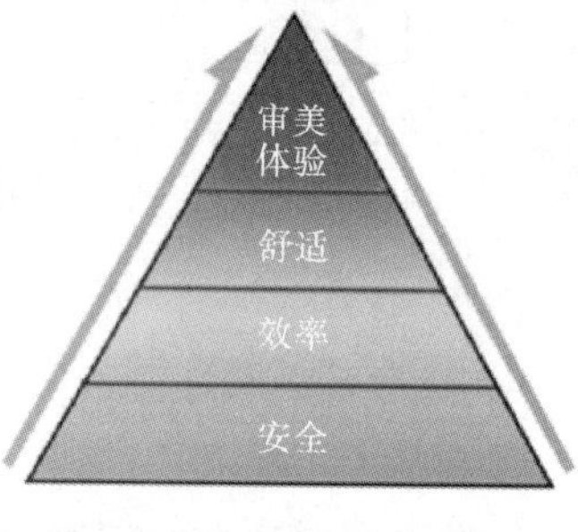

(2) 人机界面角度。

人与机交互关系的接口被定义为人机界面(interface)。人机界面的形式与内容取决于想要表达的人机关系,如图 4-40 所示。

(3) 作业效能角度。

图 4-39 系统的人机工程研究

人的作业效能(human performance)是指在一定要求下人完成具体任务所体现出的成果与效率。

2. 人机工程学的起源与发展

事物发展取决于事物内部矛盾。著名人体工程学家伍德认为:"当人操作和控制系统的能力无法达到系统的要求时,人们就确认了人体工程学这门学科。"

人机工程学的主要发展阶段如下。

1) 经验人机工程学(20 世纪初至 30 年代)

该阶段机械设计的重点落实在基于力学、电学、热力学等工程技术的原理设计上,而人机关系的重点是使操作工人经培训后可以快速适应机器的操作,如图 4-41 所示。其研究重点是心理学、时间研究(time study)和动作研究。

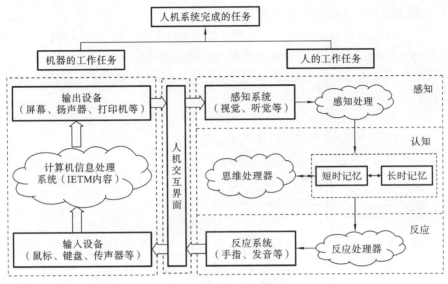

图 4-40　人机交互界面

时间研究需要测定和研究作业动作和时间,从而确定最佳工作方法。动作研究也称为工作研究、工作设计或是方法工程,其研究重点是分析得出最佳的操控方法,以保证节约人力、提高效率、充分降低时间成本,进而达到提高经济效益的目的。

2) 科学人机工程学(20 世纪 40 年代至 50 年代末)

以战斗机训练和实战为例,早期战斗机(见图 4-42)设计不当和飞行员缺乏系统训练,导致了较多意外事故的发生。这说明了人的因素对整个体系正常运转的重要性。因此,设计师仅有工程技术知识是不够的,还必须具备生理学、心理学、人体测量学、生物力学等方面的知识。

图 4-41　工人操作机器

图 4-42　早期战斗机

这一阶段的发展重点是分析工业与工程设计中人的因素,以使机器适应人的安全操作要求。该阶段的主要发展成果是人机工程学作为独立学科开始崭露头角,国际工效学协会由此成立。

3) 现代人机工程学(20 世纪 60 年代以来)

军备竞赛和太空竞赛促使人机工程学开始向民用领域纵深发展。目前,人机工程学成果可以指导针对特殊人群的产品设计。

现代人机工程学发展可总结为以下三点:

(1)通过机械设备的设计保证在不超越人的能力极限的前提下完成对机器的操作。

(2)在(1)的基础上通过科学周密的实验研究完成具体的机械装备设计。

(3)设计过程中需综合运用心理学、生理学、功能解剖学、物理学、数学、工程学等各方面的知识。

综上,可以发现该阶段的研究方向是有机整合人-机-环境,进而使设计的系统具有最高综合效能。如图 4-43 所示的为驾驶员眼动规律实验装置。

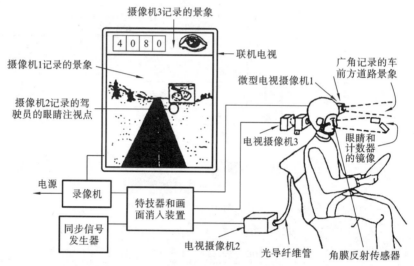

图 4-43 驾驶员眼动规律实验装置

3. 人机工程学的学科体系及应用领域

人机工程学的学科体系如图 4-44 所示。

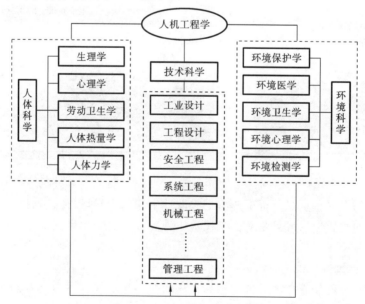

图 4-44 人机工程学的学科体系示意图

在制造业中,人机工程学的典型应用课题有:

(1) 提高工作效率方法的研究;

(2) 各种加工机床的设计问题;

(3) 作业仪表、操纵机构设计;

(4) 作业环境的危害与改善;

(5) 加工车间(见图 4-45)对环境的危害。

在建筑业中,人机工程学的典型应用课题有:

(1) 建筑机械的人机工程研究;

(2) 建筑对环境影响的研究;

(3) 建筑工人安全与工作效率的研究;

(4) 个体防护。

在交通、服务业的应用课题中,汽车座椅、车门、内饰、操作机构等的设计需要应用人机工程学的知识,如图 4-46 所示。

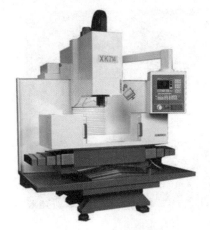

图 4-45　加工车间

图 4-46　客车车厢设计

而计算机中,人机工程学的典型应用有人机界面设计,如图 4-47 所示。

图 4-47　计算机人机界面设计

4.4.2 虚拟现实中的人机交互

1. 虚拟人机工程

虚拟人机工程的技术理论基础是虚拟现实技术。虚拟现实(virtual reality,VR)技术实现了人的想象力和电子学理论的有机结合,它基于多媒体计算机仿真技术构成特殊虚拟环境,使用户通过传感系统与虚拟环境发生自然交融,从而获得比现实世界更加丰富的感受体验。

虚拟人机工程的主要应用领域为军事、建筑、汽车工业、计算机网络、服装设计、化工、医学、娱乐等。实现虚拟人机工程的关键是技术的自主性、交互性与沉浸性。

由于人与人之间的沟通交流充满了自然情感,因此,人机交互技术应该在计算机具有情感交互感知能力的前提下进行。情感计算(affective computing)技术可以赋予计算机类似于人的观察、理解和生成各种情感特征的能力,最终使计算机像人一样能进行自然、亲切和生动的交互,如图 4-48 所示。在这个过程中,数字化是虚拟化情感计算实现的前提。

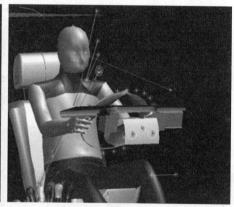

图 4-48　人机工程学模型与德思科技集团虚拟人

未来人机工程数字化计算研究的重点是利用各种传感器获取由人的情感所引起的生理及行为特征信号,以建立情感模型(见图 4-49),对人类的情感进行感知、识别和理解,并在

图 4-49　未来人机工程情感模型

此基础上对用户的情感表现快速合理地做出友好反应,进而缩短人机之间的距离,营造真正和谐的人机环境。目前,在人脸表情、姿态分析、语音的情感识别和表达方面的相关研究取得了不少进展。

2. 虚拟现实与人机交互的技术本质

虚拟现实是一种界面,如图 4-50 所示。在人和虚拟环境交互过程中,必须满足以下关键技术要求。

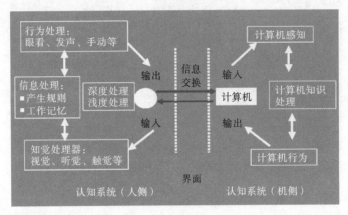

图 4-50　虚拟现实界面模型

1) 可视性(visibility)

可生成和显示满足不同要求的虚拟现实环境。

2) 可感知性(awareness)

虚拟环境与人之间可交互感知。

3) 可说明性(accountability)

自然界的原则、规则、规范等可数字化、机制化表达。

此外,人机交互技术研究过程中需基于虚拟现实建立人机交互心理学模型。经典的模型有 DESK TOP 中的人机交互模型(见图 4-51)等。

该模型包括以下子模型。

(1) 心理学模型(MHP)。

其核心系统为认知系统,包括知觉、认知、运动处理器。

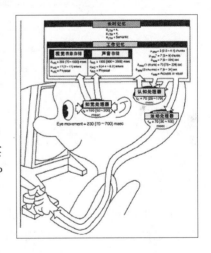

图 4-51　DESK TOP 中的
人机交互模型

(2) GOMS 认知模型。

该模型由 Stuart Card、Tom Moran 和 Allen Newell 在 1983 年于《人机交互心理学》中发表。GOMS 模型描述的人机模型分为四个有序的步骤,解释了交互的完整经过。GOMS 主要用于分析用户复杂性,建立用户行为模型。

(3) 人机交互-信息传递框架。

该框架的理论基础是 GOMS 认知模型。其中 G 代表目标(goals),O 代表基本操作

(operators),M 代表方法(methods),S 代表选择方法的规则(selection rules),如图 4-52 所示。

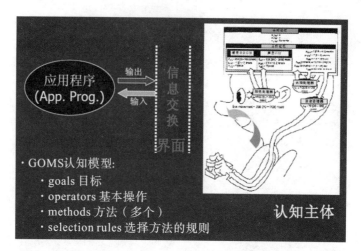

图 4-52 DESK TOP 中的 GOMS 认知模型

3. 人机交互的关键技术构架

人机交互的关键技术构架如图 4-53 所示。

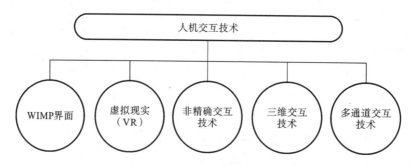

图 4-53 人机交互的关键技术构架示意图

1)WIMP 界面

WIMP(Windows+IIS+Mysql+PHP)界面由 Xerox PARC(施乐帕克)研究中心于 20 世纪 70 年代中后期研制。该图形用户界面包括窗口(windows)、菜单(menu)、图符(icons)和指示装置(pointing devices)等,如图 4-54 所示。

2)虚拟现实

计算机仿真系统通过创建可体验的世界,形成了虚拟现实技术的关键技术基础,如图 4-55 所示。该技术基于计算机模拟环境使用户沉浸在一种多源信息融合交互式的三维动态视景和实体行为仿真环境中。模拟环境是由计算机生成的实时三维逼真图像。感知要求理想环境下的 VR 具备人类所有的感知能力。感知能力除了计算机图形技术所生成的视觉感知外,还有听觉、触觉、力觉、运动等感知,甚至还包括嗅觉和味觉等。以上感知能力也可称为多感知能力。

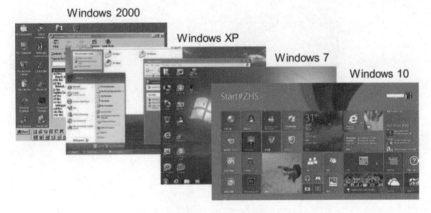

图 4-54　WIMP 界面

图 4-55　虚拟现实

3）非精确交互技术

受交互装置和交互环境的影响,交互技术无须对用户输入进行精确测量,所以本质上属于一种非精确的人机交互(模糊控制)技术,如图 4-56 所示。

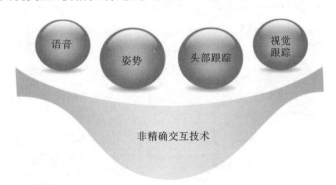

图 4-56　非精确交互技术

(1) 语音(voice)。

语音交互以语音识别为基础。识别过程中不强调很高的识别率,而是借助媒介通道约束进行交互,如图 4-57 所示。

图 4-57 语音交互识别

（2）姿势（gesture）。

利用数据手套、数据服装等装置，跟踪手和身体的运动，进而进行自然的人机交互，如图 4-58 所示。

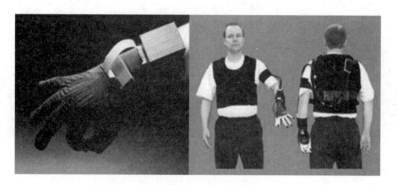

图 4-58 姿势交互识别

（3）头部跟踪（head-tracking）。

利用电磁波、超声波对头部的运动进行定位交互，如图 4-59 所示。

图 4-59 头部跟踪交互识别

（4）视觉跟踪（eye-tracking）。

通过定位眼睛的运动进行人机交互，如图 4-60 所示。

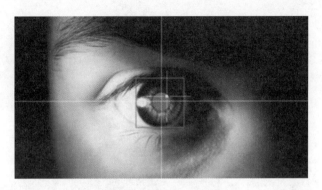

图 4-60　视觉跟踪交互识别

4）三维交互技术

三维交互技术是一种需要先在计算机中创建产品的三维模型,然后利用交互设计软件完成交互程序的设定,进而使用户通过鼠标等交互设备实施人机交互的新兴技术。三维交互技术的参数如图 4-61 所示。

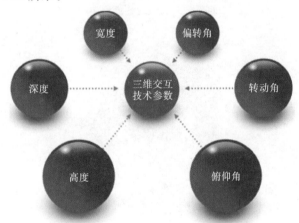

图 4-61　三维交互技术的参数

通过控制图 4-61 所述的 6 个参数,用户可以在屏幕上平移三维对象或光标,也可沿三个坐标轴转动三维对象,如图 4-62 所示。

5）多通道交互技术

为适应计算机系统未来长远发展的需求,人机界面应能通过时变媒体实现三维、非精确及隐含的人机交互。为达到这一目的,需要使用多通道交互技术,如图 4-63 所示。

在交互过程中,需要综合采用视线、语音、手势等新的交互通道、设备和技术,使用户利用多个通道以自然、并行、协作的方式进行人机对话。为了高效自然地进行人机交互,需要对来自多个通道的精确和不精确输入进行整合,以捕捉用户的交互意图,如图 4-64 所示。

4. 虚拟现实与人机交互的关键技术设备

人机之间的交互感知需要多种特种设备做技术支撑,只有这样才能保证参与者能更好

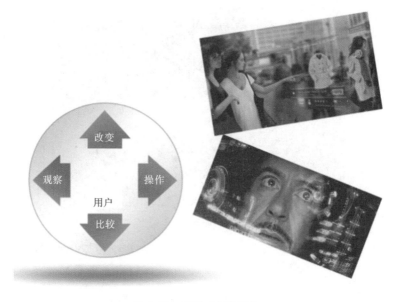

图 4-62　三维对象的操控

图 4-63　多通道交互技术

图 4-64　多通道人机交互

地体验虚拟现实中的沉浸感、交互性和想象力。其中,关键的技术设备有立体显示设备、跟踪定位设备、虚拟声音输出装置、人机交互设备、3D建模设备、虚拟现实硬件系统的集成设备等,如图4-65至图4-69所示。

图 4-65 洞穴式投影显示设备

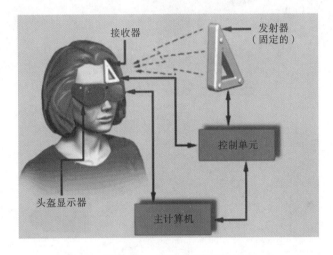

图 4-66 超声波跟踪器

图 4-67 触觉/力反馈设备和神经/肌肉交互设备

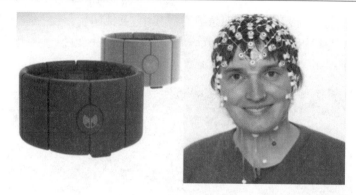

图 4-68 语音交互设备与意念控制设备

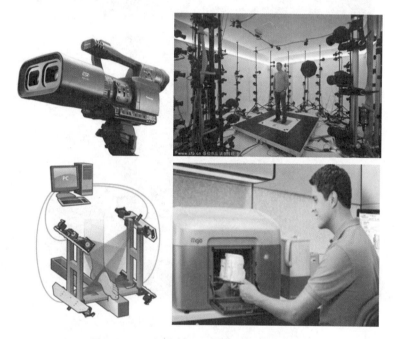

图 4-69 3D 摄像机、3D 扫描仪、3D 打印机

4.4.3 虚拟现实技术在人机工程中的应用

1. 虚拟现实技术在作业场所模拟中的应用

虚拟现实技术可以在开始建设车间之前对车间设计的人机工程学特性进行评估。首先,将工作场所的设计图样直接转换为三维虚拟工作场所,然后在场所中建立虚拟人并通过一定的交互接口对人们在工作场所中的工作情况进行模拟。然后,对虚拟人的工作模拟输出数据进行分析,以分析工作场所设计中存在的缺陷,进而在设计上游环节对设计方案进行调整,从而节约成本,并获得使用性良好的设计方案。最早涉足这一领域的研究并且获得显著成果的公司是德国西门子公司旗下的 Classic Jack 作业场所模拟分析软件公司,如图4-70至图 4-72 所示。

图 4-70　使用 Classic Jack 对生产流水线的模拟

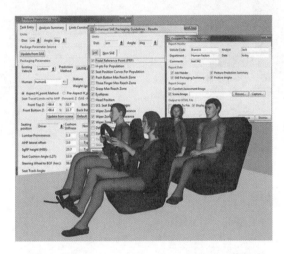

图 4-71　使用 Classic Jack 对汽车驾驶室的模拟

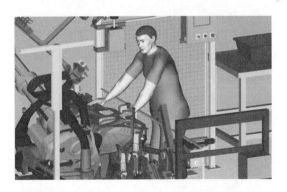

图 4-72　使用 Classic Jack 对工人装配空间的模拟

2. 虚拟现实技术在虚拟人中的应用

在人机工程学研究中,虚拟人最早应用于飞机、汽车的设计以及军事训练等。最早的虚拟人模型于 1967 年由 Popdimitrov 发表。1986 年,Leppanen 查阅文献,对 17 个不同的人体模型进行了统计分析。随后,1990 年,Karwowski 等发表了 12 个不同的人体模型。由于进行人机分析、评价的人体模型极其复杂,是多种生物力学、生理学模型的综合体,因此除了以人体生物力学以及人体生理学为基本参照外，建模过程还必须考虑人体行为和功效学特性以完成人机分析、评价。

目前，在三维虚拟人体模型的应用中，比较典型的虚拟人有 Classic Jack 的人体模型、丹麦奥尔堡大学的 AnyBody 骨肌系统，如图 4-73 和图 4-74 所示。

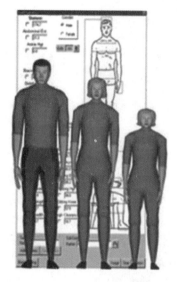

图 4-73　Classic Jack 的人体模型

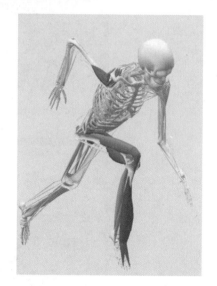

图 4-74　AnyBody 骨肌系统

在产品生命周期的制造阶段，人体仿真可以帮助确定以下问题：

（1）头部和眼睛是否跟踪同一个物体；

（2）头部和眼睛是否保持自己的位置；

（3）身体躯干位置如何，以及如何弯曲；

（4）人体如何保持平衡，是否需要调整；

（5）骨盆的方向如何；

（6）四肢、膝盖、脚的位置如何；

（7）人体作业过程中某一关节、肌肉的受力如何；

（8）人体使用相关产品的疲劳感如何等。

通过虚拟人体仿真，可以完成传统测量方法难以完成的测试与评价项目。

3. 虚拟现实技术在人机特性中的应用

人与机器的特性涉及许多内容，若以人机系统中信息及能量的接收、传递、转换过程来分析，我们可以从信息感受、信息处理和决策、操作反应、工作能力等 4 个方面来进行探讨。在人机工程应用中，我们经常需要评估可达性、可视性、舒适性、力学性能、能量消耗、新陈代谢等。随着虚拟现实技术的发展，利用生物力学模型、动力学模型、新陈代谢模型等建立虚拟人仿真模型，以人体的工作能力为约束，并将上述信息输入虚拟人模型中，或利用外部硬件设备将采集到的外部数据输入模型中来驱动虚拟人，便可真实模拟工作过程中的人机特性。

该领域著名的软件有由英国拉夫堡大学开发的 SAMMIE 和上文所提及的 Classic

Jack、AnyBody 等。其中 SAMMIE 开发了独立完整的虚拟人系统,并且拥有完善的人体数据库,从而可自由定义虚拟人参数并利用这些数据驱动虚拟人,以完成可达性分析、可视性分析和姿势分析,如图 4-75 至图 4-78 所示。

图 4-75　使用 SAMMIE 进行可达性分析

图 4-76　使用 SAMMIE 对大货车驾驶舱的
可视性进行分析

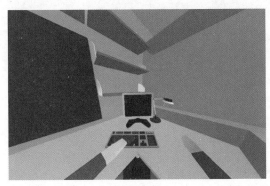

图 4-77　在 SAMMIE 中使用虚拟人模拟人
的真实视野

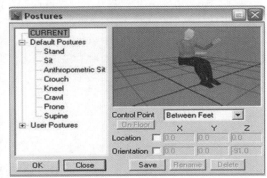

图 4-78　使用 SAMMIE 进行姿势分析

4. 虚拟现实在人体运动仿真中的应用

传统的人机工程学研究需要利用影像来记录人们的活动,以便对行为进行分析。目前的动作捕捉(motion capture)技术可以更好地对人的行为进行捕捉。当然,这需要预先完成真实的人-机-环境的构建工作。因此,这会导致耗费巨大、持续时间较长等问题,在某些情况下是不可能完成的。例如模拟人类在空间站或月球上进行仪器操作的过程。此外,骨科手术过程往往需要对植入的义肢、固定连接骨头的钢板的受力情况等进行分析评估,由于不可能去找志愿者来完成相关实验,所以此时虚拟现实技术就为我们提供了极佳的解决方案。

Classic Jack 和 AnyBody 都可以完成相应的仿真分析,如图 4-79、图 4-80 所示。相关的仿真方法众多,典型的有视域分析法、可及度分析法、静态施力分析法、低背受力分析法、作业姿势分析法、能量代谢分析法、疲劳恢复分析法、舒适度分析法、NIOSH 提升分析法、RULA 姿态分析法、OWAS 分析法等。这些方法可以对整个作业行为进行仿真。此外,采用动力学反求技术的 AnyBody 可以完成人体运动的生物力学分析。

图 4-79 使用 Classic Jack 进行作业过程模拟

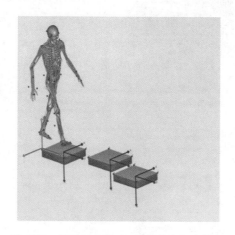

图 4-80 使用 AnyBody 进行步态行走模拟

4.4.4 人机工程学在数字化设计与制造中的应用

1. 虚拟制造

虚拟制造技术(virtual manufacturing technology，VMT)是近些年来先进制造技术领域内的一门新兴技术。它基于数字化建模技术、计算机仿真技术和分析优化技术，在产品设计阶段或产品制造之前，对产品的未来制造全过程及其关键品质影响因素进行实时并行模拟分析，以对产品性能、成本和可制造性进行预测，从而使产品开发周期和成本达到最优，进而促使生产效率最优，如图 4-81 所示。

虚拟制造具有以下特点：

(1) 无须使用实物样机就可对产品性能进行预测，从而节约制造成本并缩短产品开发周期；

工厂

生产线设计

加工单元优化

产品设计　　　　　　　　　　　　　　　　　　　　工艺规划　　　　人机工程

生产制造

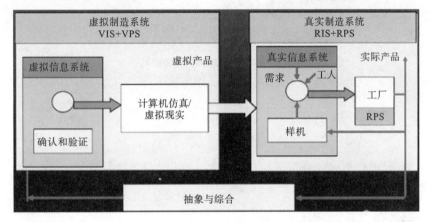

图 4-81　虚拟制造技术体系

（2）可以在产品开发中尽早发现问题，以便及时进行反馈修正；

（3）通过软件模拟完成产品开发；

（4）可基于 Intranet 或 Internet 进行企业管理，以确保制造活动并行进行。

虚拟制造可分为以设计为中心的虚拟制造、以生产为中心的虚拟制造、以控制为中心的虚拟制造。

1）以设计为中心的虚拟制造

以设计为中心的虚拟制造可为设计者提供产品设计阶段所需的制造信息，以保证设计获得最优结果，如图 4-82 所示。在计算机网络的支持下，设计部门和制造部门之间可高效协同工作；建立统一制造信息模型，可以对数字化产品模型的仿真分析与优化工作进行有效指导，从而在设计阶段对所设计的零件甚至整机进行加工工艺分析、运动学和动力学分析、可装配性分析等可制造性分析。

2）以生产为中心的虚拟制造

以生产为中心的虚拟制造可建立虚拟的制造车间现场环境和设备，辅助工艺人员对生产计划和生产工艺进行分析改进，从而保证产品制造过程实现最优化，如图 4-83 所示。基

图 4-82　以设计为中心的虚拟制造

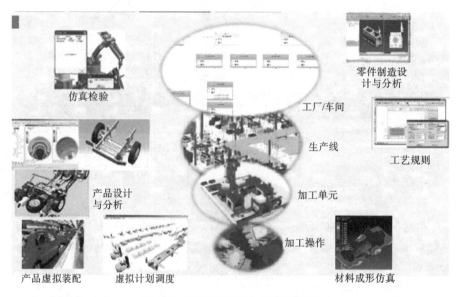

图 4-83　以生产为中心的虚拟制造

于此,可以充分高效利用现有的企业资源(如设备、人力、原材料等)对产品的可生产性进行分析与评价,进而对制造资源和环境的优化组合提出合理建议,最终生成精确的生产成本信息,为生产计划与调度合理化决策提供指导。

3)以控制为中心的虚拟制造

以控制为中心的虚拟制造可提供涵盖整个设计制造过程的虚拟环境,基于全系统的控制模型,对现实加工过程进行仿真,进而评价产品的设计、生产计划和控制策略,如图 4-84 所示。它以全局最优化控制为目标,通过云计算智慧互联网完成对不同地域的产品设计、产

图 4-84　以控制为中心的虚拟制造

品开发、市场营销、加工制造等关键环节的精准协调控制。

2. 虚拟产品开发

虚拟产品开发基于计算机仿真和产品生命周期建模技术平台,综合使用计算机图形学、人工智能、网络技术、数据库技术、并行工程、多媒体技术和虚拟现实技术,完成数字化试验模型的构建,以取代实物试验模型进行仿真、分析。通过在计算机虚拟环境中对产品设计、分析、测试、制造等整个开发过程进行相应的映射,使用交互性、沉浸性和想象性技术对产品开发环境进行高度逼真化模拟,让客户直接参与到产品开发中来,直接测试和感受产品的使用性能,保证全局一次性最优开发过程成功实现,进而有效提高产品设计制造质量,缩短设计周期,降低设计成本。

虚拟产品开发过程中,需要进行数字化工厂布局设计、工艺规划和仿真优化。布局设计需要通过人机工程学校验才算符合要求,如图 4-85 所示。在工艺规划阶段,必须按照相关工艺流程和工序工位工步合理配置相关加工设备、工作人员、机器人、AGV(自动导引车)、夹具等。在仿真优化阶段,需要根据生产大纲、人机工程学原理和加工装配单元仿真结果,进行人机工程仿真计算,进而完成人的动作时间、工作姿态、疲劳强度等重要参数的评估工作,最终为生产作业的优化评估奠定重要基础。

3. 人机交互虚拟现实在我国制造业应用中面临的问题

为促进人机交互虚拟现实技术在我国制造业中的广泛深入应用,应重视解决以下问题。

(1) 各种资源的整合与协同问题。如何有效组织人力资源和现有的知识与技术资源,以保证各方面专家可有效利用现有条件、方法与工具完成虚拟现实在制造业中的研究与开发。

(2) 实时三维图形生成和显示技术问题。

(3) 全息建模和细节捕捉问题。

(4) 如何在虚拟产品设计、虚拟工艺设计、虚拟生产加工、虚拟装配、虚拟企业,以及虚拟设备、原料和产品供应链中共享和继承模型数据,以及这些数据的可重用性问题。

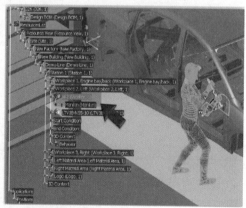
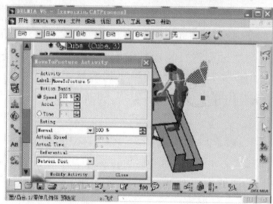

图 4-85　虚拟产品开发中的人机工程学校验

（5）虚拟装配中的碰撞和零件碰撞变形以及力反馈问题。

此外，在以上新技术应用过程中，我国制造业发展层级不高，导致了新技术应用效率和成本难以平衡的问题。因此，在后续技术推广应用过程中，对这个问题应该深入考虑并予以解决。

4.5　增材制造技术

从 20 世纪 90 年代开始，市场环境发生了巨大变化，一方面表现为消费者需求日益主体化、个性化和多样化，另一方面则是产品制造商都着眼于全球市场的激烈竞争。面对市场，不但要设计出符合人们消费需求的产品,而且必须很快地生产制造出来,抢占市场。随着计算机技术的普及和 CAD/CAM 技术的广泛应用,产品从设计造型到制造都有了很大发展,而且产品的开发周期、生产周期、更新周期越来越短。从 20 世纪以来,企业的发展战略已经从 60 年代的"如何做得更多"、70 年代的"如何做得更便宜"、80 年代的"如何做得更好"发展到 90 年代的"如何做得更快"。因此面对一个迅速变化且无法预料的买方市场,以往传统的大批量生产模式对市场的响应就显得越来越迟缓与被动。快速响应市场需求,已成为制造业发展的重要走向。为此,自 20 世纪 90 年代以来,工业化国家一直在不遗余力地开发先进的制造技术,以提高制造工业的水平。计算机、微电子、信息、自动化、新材料和现代化企业管理技术的发展日新月异,产生了一批新的制造技术和制造模式,使制造工程与科学取得了前所未有的成就。

4.5.1　增材制造的基本原理及特点

1. 增材制造的基本原理

增材制造就是一种基于离散-堆积原理,由零件三维数据直接驱动制造零件的工艺体系,快速自由成形的制造新技术。它融合了计算机的图形处理技术、数字化信息和控制技术、激光技术、机电技术和材料技术等多项高新技术的优势。其工艺过程如图 4-86 所示。学者们对其有多种描述,西北工业大学凝固技术国家重点实验室的黄卫东教授称这种新技术为"数字化增材制造",中国机械工程学会的宋天虎秘书长称其为"增量化制造"。其实它就是不久前引起社会广泛关注的 3D 打印技术的一种,西方媒体把这种实体自由成形制造技术誉为将带来"第三次工业革命"的新技术。

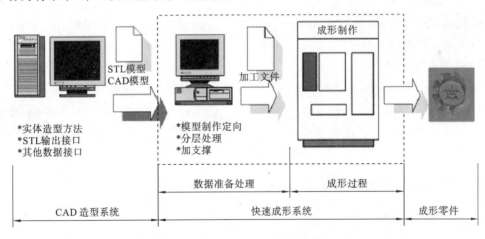

图 4-86　增材制造工艺过程示意图

2. 增材制造的特点

增材制造技术的出现,开辟了不用刀具、模具而制作各类零部件的新方法,也改变了传统的去除式机械加工方法,而采用逐层累积式的加工方法,带来了制造方式的变革。从理论上讲,增材制造方式可以制造任意复杂形状的零部件,材料利用率可达 100%。与其他先进制造技术相比,增材制造技术具有如下特点。

1)自由成形

自由成形制造也是增材制造的另一用语。自由成形制造的含义有三个方面:一是指制造过程无须使用工具、刀具、模具而制作原型或零件,由此可以大大缩短新产品的试制周期并节省工具、模具费用;二是指不受零件形状复杂程度的限制,能够制作任意复杂形状与结构的零部件;三是制作原型所使用的材料不受限制,各种金属和非金属材料均可使用。

2)制作过程快

从 CAD 数据模型或通过实体反求获得的数据到原型制成,一般仅需数小时或十几小时,速度比传统的成形加工技术快得多。该技术在新产品开发中改善了设计过程的人机交流,缩短了产品设计与开发周期。以增材制造为母模的快速模具技术,能够在几天时间内制作出所需的实际产品,而通过传统的钢制模具制作产品,至少需要几个月的时间。该项技术的应用,极大地降低了新产品的开发成本和企业研制新产品的风险,可将制造费用降低约50%,加工周期缩短70%以上。

随着信息技术、互联网技术的发展,增材制造技术也更加便于制造服务,能使有限的资源得到充分的利用,也可以快速响应用户的需求。

3)数字化驱动与累加式的成形方式优势大

无论是哪种增材制造工艺,其材料都是由 CAD 数据直接或间接地驱动成形设备通过逐点、逐层的方式累加成形的。这种通过材料累加制造原型的加工方式,是增材制造技术区别于其他制造技术的显著特点,复制性、互换性较高;同时,制造工艺与制造原型的几何形状无关,在加工复杂曲面时更显优势。

4)技术高度集成

新材料、激光应用技术、精密伺服驱动技术、计算机技术以及数控技术等的高度集成,共同支撑了增材制造技术的实现,也实现了设计制造一体化。

5)应用领域广泛

增材制造技术除了用于制作原型外,还特别适用于新产品的开发、单件及小批量零件制造、不规则或复杂形状零件制造、模具设计与制造、产品设计的外观评估和装配检验、快速反求与复制,以及难加工材料的制造等。该技术不仅在制造业具有广泛的应用,而且在材料科学与工程、医学、文化艺术及建筑工程等领域也有广阔的应用前景。

4.5.2 增材制造的分类及主要方法

1. 增材制造的分类

关桥院士提出了广义和狭义的增材制造概念,如图 4-87 所示。狭义的增材制造是指不同的能量源与 CAD/CAM 技术结合,分层叠加材料的技术体系;而广义的增材制造则是指以材料叠加为基本特征,以直接制造零件为目标的大范畴技术群。如果按照加工材料的类型和加工方式分类,广义的增材制造又可以分为金属成形、非金属成形、生物材料成形等,如图 4-88 所示。

增材制造系统按原材料状态可被分为三大类:液体材料增材制造系统(liquid-based AM system)、固体材料增材制造系统(solid-based AM system)和粉末材料增材制造系统

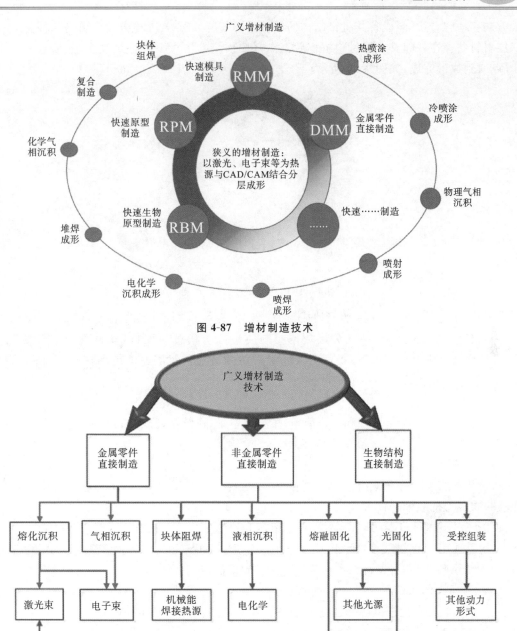

图 4-87　增材制造技术

图 4-88　广义的增材制造技术

（powder-based AM system）。

2. 增材制造的主要方法

这里只重点介绍几种应用广泛的增材制造方法。

1）熔融挤压堆积成形（FDM）

FDM（fused deposition modeling）工艺的原理：将丝状的热熔性材料进行加热融化，通过带有细微喷嘴的挤出机把材料挤出。喷头可以沿 X 轴的方向移动，工作台则沿 Y 轴和 Z

轴方向移动(当然不同设备其机械结构的设计也不一样),熔融的丝材被挤出后随即会和前一层材料黏合在一起。一层材料沉积后工作台按预定的增量下降一个高度,然后重复以上步骤,直到成形完成,如图4-89所示。

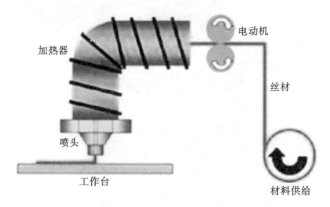

图 4-89　FDM 工艺原理示意图

FDM 工艺的关键是保持半流动成形材料刚好在熔点之上(通常温度控制在比熔点高1℃左右)。FDM 喷头受 CAD 分层数据控制使半流动状态的丝材(丝材直径一般在 1.5 mm 以上)从喷头中挤压出来,凝固形成轮廓形状的薄层。每层厚度范围在 0.025~0.762 mm,一层叠一层最后形成整个工件模型。

该工艺的优点如下:

① 整个系统的构造原理和操作简单,维护成本低,系统运行安全;可以使用无毒的原材料,设备系统可以在办公环境中安装使用;

② 工艺简单,易于操作且不产生垃圾;

③ 独有的水溶性支撑技术,使得去除支撑结构简单易行,可快速构建瓶状或中空零件以及一次成形的装配结构件;

④ 原材料以材料卷的形式提供,易于搬运和快速更换;

⑤ 可选用的材料较多,如各种色彩的工程塑料 ABS、PC、PLA、PPSF 以及医用 ABS 等,以丝状供料;特种石蜡材料也在该技术中得到广泛应用。

该工艺的缺点如下:

① 成形精度相对于立体光固化成形工艺较低,精度为 0.178 mm;

② 成形表面光洁度不如立体光固化成形工艺;

③ 成形速度相对较慢。

2) 激光固化成形

激光固化成形有以下两种工艺。

(1) 立体光固化成形工艺。

立体光固化成形(stereo lithography apparatus,SLA)工艺,又称立体光刻成形。其原理是以放置于液槽中的液态光敏树脂为原材料,用计算机控制下的氦-镉激光器或氩离子激光器发射出的紫外激光束按预定零件各分层截面的轮廓(即运动轨迹)对液态树脂逐点扫描,使被扫描区的树脂薄层产生光聚合反应,从而形成零件的一个薄层截面。当一层固化完毕后,工作台将下移一个层厚的距离,在原先固化好的树脂表面再敷上一层新的液态树脂,刮板将黏度较大的树脂液面刮平,以便进行下一层扫描固化。新固化的一层牢固地黏合在前一层上,如此重复直到整个零件原型制造完毕,如图 4-90 所示。

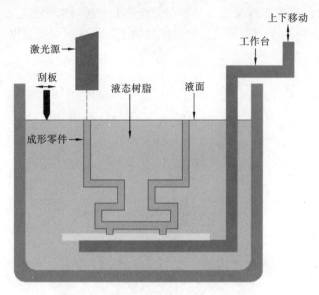

图 4-90　立体光固化成形工艺原理示意图

该工艺的优点如下:

① 成形工程自动化程度高;

② 尺寸精度高,SLA 原型的尺寸精度可以达到±0.1 mm;

③ 表面质量优良;

④ 系统分辨率较高,可制作结构比较复杂的模型或零件。

该工艺的缺点如下:

① 零件较易发生弯曲和变形,需要支撑;

② 设备维护成本较高;

③ 可使用的材料种类较少;

④ 液态树脂具有气味和毒性,并且需要避光保护;

⑤ 液态树脂固化后的零件较脆,易断裂。

(2) 数字光处理。

数字光处理(digital light processing,DLP)激光成形技术和 SLA 技术相似,不过它使用高分辨率的数字光处理器投影仪来固化液态光聚合物,逐层进行光固化,由于每层固化时通过类似幻灯片的片状固化,因此速度比同类型的 SLA 技术更快。

这两种工艺共有的特点:成形过程自动化程度高;尺寸精度高;表面质量优良;使 CAD 数字模型直观化;错误修复的成本低;可加工结构外形复杂或使用传统手段难以成形的原型和模具。

3) 选择性激光烧结(SLS)

选择性激光烧结(selected laser sintering,SLS)工艺原理:用 CO_2 激光器作为能源,目前使用的造型材料多为粉末材料。先采用压辊在工作台上平铺一层厚度为 $100\sim200\ \mu m$ 的粉末材料,激光束在计算机控制下按照零件分层轮廓有选择性地进行扫描照射而使粉末的温度升至熔点,从而进行烧结,并与下面已成形的部分实现黏合。一层烧结完成后工作台下降一个层厚的高度,这时压辊又会均匀地在上面铺上一层粉末并开始新一层截面的烧结,直至全部烧结完后去掉多余的粉末,再进行打磨、烘干等后处理便可获得零件。其原理如图 4-91 所示。

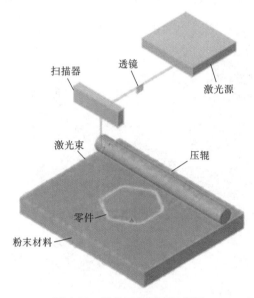

图 4-91　SLS 工艺原理示意图

该工艺的优点如下:

① 可直接制作金属制件;

② 材料选择广泛,可使用的材料有尼龙、ABS、树脂裹覆砂(覆膜砂)、聚碳酸酯、金属和陶瓷粉末等;

③ 可制作复杂构件或模具;

④ 不需要增加基座支撑;

⑤ 材料利用率高。

该工艺的缺点如下:

① 制件表面粗糙,呈现颗粒状;

② 加工过程中会产生有害气体。

4)三维喷涂黏结成形(3DP)

三维喷涂黏结成形(3Dimension printer,3DP)技术由麻省理工学院发明并申请专利,由 ZCORP 公司进行商业化。该项技术自 1994 年发明并逐步走向市场后,在近三四年时间里呈飞速发展趋势。

该成形工艺的原理是 3D 打印材料以超薄层被喷射到构建托盘上,用紫外线固化,并且可以同时喷射两种不同机械特性的材料。完成一层的喷射打印和固化后,设备内置的工作台会极其精准地下降一个成形厚度的高度,喷头继续喷射材料进行下一层的打印和固化,直到整个制件打印制作完成,如图 4-92 所示。

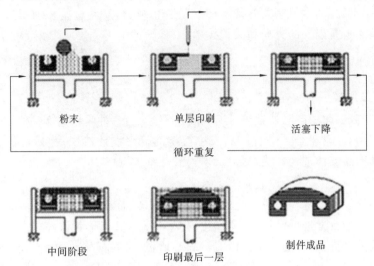

图 **4-92**　3DP 工艺原理示意图

该工艺是目前唯一可打印全彩色制件的 3D 打印工艺。

该工艺的优点如下:

① 可同时制作两种及两种以上材料的组合件;

② 皮革纹理清晰,尤其适合汽车内饰件(方向盘、扶手、排挡等)试制;

③ 适用于密封条、密封圈试制;

④ 可一次性制作复杂形状总成零件;

⑤ 细节表现更细致;

⑥ 适用于内外饰小模型制作;

⑦ 成形速度快,成形材料价格低;可以制作彩色原型;粉末在成形过程中起支撑作用,且成形结束后,比较容易去除。

该工艺的缺点是材料强度受限制。

4.5.3　增材制造的关键技术

1. 材料单元的控制技术

如何控制材料单元在堆积/叠加过程中的物理与化学变化是一个难点,例如金属直接成形中,激光熔化的微小熔池的尺寸和外界气氛控制直接影响制造精度和制件性能。

2. 设备的再涂层技术

增材制造的自动涂层是材料叠加的必要工序,再涂层的工艺方法直接决定了制件在叠加方向上的精度和质量。分层厚度向 0.01 mm 发展,控制更小的层厚及其稳定性是提高制件精度和降低表面粗糙度的关键。

3. 高效制造技术

增材制造技术在向大尺寸构件制造方向发展,例如金属激光直接制造飞机上的钛合金框架结构件,框架结构件长度可达 6 m。制作时间过长,如何实现多激光束同步制造,提高制造效率,保证同步增材组织之间的一致性和制造结合区域的质量是发展的难点。

此外,为提高效率,增材制造与传统切削制造相结合,发展材料叠加制造与材料去除制造复合制造技术也是发展的方向和关键技术。

4.5.4 增材制造数据处理

1. CAD 三维模型的构建方法

目前,基于数字化的产品快速设计有两种主要途径:一种是根据产品的要求或直接根据二维图样在 CAD 软件平台上进行产品三维模型的概念设计;另一种是在仿制产品时用扫描机对已有的产品实体进行扫描,通过反求得到三维模型。

1) 概念设计

目前产品的设计已基本摆脱传统的图样描述方式,而是利用计算机辅助设计软件直接在三维造型软件平台上进行。目前,商品化的 CAD/CAM 一体化软件为产品的造型设计提供了自由的空间,使设计者的概念设计能够随心所欲,且特征修改也十分方便。其中,应用较多的具有三维造型功能的 CAD/CAM 软件主要有 UGNX、Pro/E、CATIA、Cimatron、Delcam、Solidedge、MDT 等。

一般来说,从事快速成形研究与服务的机构和部门都已经配备了三维设计手段,一般的设计开发部门也逐渐地由传统的 2D 设计发展到 3D 设计。随着计算机硬件的迅猛发展,许多原来基于计算机工作站开发的 CAD/CAM 系统已经移植到个人计算机上,反过来,也促进了 CAD/CAM 软件的普及。

2) 反求工程技术

反求工程(reverse engineering,RE)技术又称逆向工程技术,这一术语起源于 20 世纪 60 年代,但从工程的广泛性、反求的科学性方面进行深化还是从 20 世纪 90 年代初开始的。反求工程类似于反向推理,属于逆向思维体系,它以社会方法学为指导,以现代设计理论、方法、技术为基础,运用各种专业人员的工程设计经验、知识和创新思维,对已有的产品进行解剖、分析、重构和再创造。在工程设计领域,它具有独特的内涵。

反求工程技术是测量技术、数据处理技术、图形处理技术和加工技术相结合的一门结合性技术。随着计算机技术的飞速发展,反求工程技术近年来在新产品的设计开发中得到愈来愈多的实际应用。反求工程技术在产品设计开发过程中是以产品及设备的实物、软件(图样、程序及技术文件)或影像(照片、图片)等作为研究对象,反求出初始的设计意图,包括形状、材料、工艺、强度等诸多方面。简单地说,反求就是对存在的实物模型或零件进行测量,并根据测量数据重构出实物的 CAD 模型,进而对实物进行分析、修改、检验和制造的过程。反求工程技术主要用于已有零件的复制、损坏或磨损零件的还原、模型精度的提高及数字化模型检测等。所以在汽车、摩托车的外形覆盖件和内装饰件的设计,家电产品外形设计,艺术品的复制中对反求工程技术的应用需求尤为迫切。

反求工程技术不是传统意义上的仿制,而是综合应用现代化工业设计的理论方法、生产工程学、材料学及其他有关专业知识,系统地分析研究,进而快速开发制造出高附加值、高技术水平的新产品。反求工程对用 CAD 设计的零件模型,以及活性组织和艺术模型的数据摄取是非常有利的工具,对快速实现产品的改进和完善或参考设计等具有重要的工程应用价值。尤其是该项技术与快速成形技术相结合，可以实现产品的快速三维复制，还可以通过 CAD 重新建模修改或快速成形工艺参数的调整，实现零件或模型的变异复原。其具体应用开发流程如图 4-93 所示。

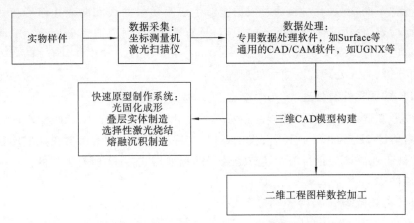

图 4-93　反求工程技术应用开发流程示意图

反求的主要方法有三坐标测量法、投影光栅法、激光三角形法、磁共振成像（MRI）法和计算机断层扫描术（CT）法以及自动断层扫描法等。常用的扫描机有传统的坐标测量机（coordinate measurement machine，CMM）、激光扫描仪（laser scanner）、零件断层扫描机（cross section scanner）以及 CT（computer tomography）仪器和 MRI（magnetic resonance imagine）仪器等。

采用反求工程技术进行产品快速设计，需要对样品进行数据采集和处理，具体内容如图 4-94 所示。反求工程中离散数据的处理工作量较大。通常，反求系统中应自带具有一定功能的数据拟合软件，或借用常用的 CAD/CAM 软件如 UGNX、Pro/E、SolidWorks 等，也有独立的曲面拟合与修补软件如 Surface 等。

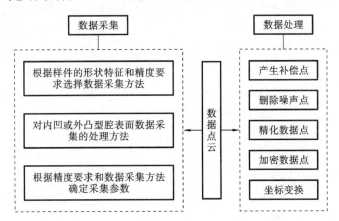

图 4-94　反求工程中的数据采集与处理技术

反求工程对企业的生产制造过程至关重要。如何从企业仅有的样件、油泥模型、模具等"物理世界"快速地过渡到计算机可以随心所欲处理的"数字世界"，这是制造业普遍面临的实际问题。

Imageware Surfacer 软件是 SDRC(structural dynamics research corporation)公司推出的逆向工程软件,是对产品开发过程前后阶段的补充,是专门用于将扫描数据转换成曲面模型的软件。Imageware Surfacer 提供了在逆向工程、曲面设计和曲面评估方面最好的功能,它能接收各种不同来源的数据,通过数据能够生成高质量曲线和曲面几何形状。该软件能够进行曲面检定,分析曲面与实际点的距离,具有着色、反射或曲率分析及横截面功能。曲线和曲面可以进行即时交换式形状修改。Imageware Surfacer 软件具有扫描点处理、曲面制造、曲面分析、曲线处理以及曲面处理等功能和模块。

2. STL 数据文件及处理

快速成形制造设备目前能够接受诸如 STL、SLC、CLI、RPI、LEAF、SIF 等多种数据格式。其中由美国 3D Systems 公司开发的 STL 文件格式可以被大多数快速成形制造设备所接受,因此被工业界认为是目前快速成形数据的标准格式,几乎所有类型的快速成形制造系统都支持该格式。

1) STL 格式简介

STL 是在计算机图形应用系统中,用于表示三角形网格的一种文件格式。STL 格式非常简单,应用很广泛。STL 用三角形网格来表现 3D CAD 模型,但只能用来表示封闭的面或者体。STL 文件有两种格式:一种是 ASCII 格式,另一种是二进制格式。

2) STL 文件格式

(1) ASCII 格式。

ASCII 格式的 STL 文件逐行给出三角面片的几何信息,每一行以 1 个或 2 个关键字开头。

STL 文件中的信息单元 facet 是一个带矢量方向的三角形面片,STL 三维模型就是由一系列这样的三角形面片构成的。

整个 STL 文件的首行给出文件路径及文件名。在一个 STL 文件中,每一个 facet 由 7 行数据组成,facetnormal 是三角形面片指向实体外部的法向矢量坐标,outerloop 说明随后的 3 行数据分别是三角形面片的 3 个顶点坐标,3 个顶点沿指向实体外部的法向矢量方向逆时针排列。

ASCII 格式的 STL 文件结构如下:

1	明码://字符段意义
2	solidfilenamestl//文件路径及文件名
3	facetnormalxyz//三角形面片法向矢量的 3 个分量值
4	outerloop
5	vertexxyz//三角形面片第一个顶点坐标
6	vertexxyz//三角形面片第二个顶点坐标
7	vertexxyz//三角形面片第三个顶点坐标
8	endloop
9	endfacet//完成一个三角形面片定义
10	
11	......//其他 facet
12	
13	endsolidfilenamestl//整个 STL 文件定义结束

（2）二进制格式。

二进制格式的 STL 文件用固定的字节数来给出三角形面片的几何信息。

文件起始的 80 个字节是文件头，用于存储文件名。紧接着用 4 个字节的整数来描述模型的三角形面片个数。后面逐个给出每个三角形面片的几何信息，每个三角形面片占用固定的 50 个字节，依次是：3 个 4 字节浮点数（三角形面片的法向矢量）；3 个 4 字节浮点数（第一个顶点的坐标）；3 个 4 字节浮点数（第二个顶点的坐标）；3 个 4 字节浮点数（第三个顶点的坐标）；最后用 2 个字节来描述三角形面片的属性信息。

一个完整二进制 STL 文件的大小为三角形面片数乘以 50 再加上 84 个字节。

二进制格式的 STL 文件结构如下：

1	UINT8//Header//文件头（文件名）
2	UINT32//Numberoftriangles//三角形面片个数
3	//foreachtriangle（每个三角形面片中）
4	REAL32[3]//Normalvector//法向矢量
5	REAL32[3]//Vertex1//第一个顶点的坐标
6	REAL32[3]//Vertex2//第二个顶点的坐标
7	REAL32[3]//Vertex3//第三个顶点的坐标
8	UINT16//Attributebytecountend//文件属性统计

3）STL 文件的精度

STL 文件采用小三角形来逼近三维实体模型的外表面。STL 文件逼近 CAD 模型的精度指标表面上是小三角形的数量，但实质上是三角形平面逼近曲面时的弦差的大小。弦差即近似三角形的轮廓边与曲面之间的径向距离。从本质上看，用有限的小三角形平面的组合来逼近 CAD 模型表面，是原始模型的一阶近似，它不包括邻接关系信息，不可能完全表达原始设计的意图，离真正的表面有一定的距离，而在边界上有凸凹现象，所以无法避免误差。显然，精度要求越高，选取的小三角形平面应该越多。但是对本身面向快速成形制造所要求的 CAD 模型的 STL 文件而言，过高的精度要求也是不必要的。因为过高的精度要求可能会超出快速成形制造系统所能达到的精度指标，而且小三角形平面数量的增多需要加大计算机存储容量，同时带来切片处理时间的显著增加，有时截面的轮廓会产生许多小线段，不利于激光头的扫描运动，导致生产效率低和表面光洁度差。所以从 CAD/CAM 软件输出 STL 文件时，选取的精度指标和控制参数，应该根据 CAD 模型的复杂程度以及快速成形系统的精度要求进行综合考虑。

3. 三维模型的切片处理

在快速成形制造系统中，切片处理及切片软件是极为重要的。切片的目的是将模型以片层方式来描述。通过这种描述，无论零件多么复杂，从每一层来说都是简单的平面。

切片处理时将计算机中的几何模型变成轮廓线来描述。这些轮廓线代表了片层的边界，是用一个以 Z 轴正方向为法向的数学平面与模型相交计算而得到的，交点的计算方法与输入的几何形状有关，计算后得到的输出数据是统一的文件格式。轮廓线是一系列的环路组成的,环路由许多点组成。

切片软件的主要作用及任务是接收正确的 STL 文件,并生成指定方向的截面轮廓线和网格扫描线,如图 4-95 所示。

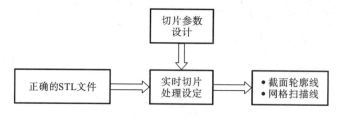

图 4-95　切片软件的主要作用及任务

1)切片方法

快速成形工艺的主要切片方法有 STL 切片和直接切片两种。

(1) STL 切片。

① 直接 STL 切片。

1987 年,3D Systems 公司的 Albert 顾问小组鉴于当时计算机软硬件技术相对落后,便参考有限单元法(finite elements method,FEM)的单元划分和 CAD 模型着色的三角化方法对任意曲面 CAD 模型做小三角形平面近似,开发了 STL 文件格式,并由此建立了从近似模型中进行切片来获取截面轮廓信息的统一方法,沿用至今。直接 STL 切片实际上就是三维模型的一种单元表示法,它以小三角形平面为基本描述单元来近似模型表面。

切片是几何体与一系列平行平面求交的过程,切片的结果是产生一系列用曲线边界表示的实体截面轮廓,组成一个截面的边界轮廓环之间只存在两种位置关系,包容或相离。切片算法取决于输入几何体的表示格式。STL 格式采用小三角形平面近似实体表面,这种表示法最大的优点就是切片算法简单易行,只需要一次与每个三角形求交即可。

② 容错切片。

容错切片(tolerate errors slicing)基本上可避开 STL 文件三维层次上的纠错问题,直接对 STL 文件切片,并在二维层次上进行修复。由于三维轮廓信息简单,并具有闭合、不相交等简单的约束条件,特别是对一般机械零件实体模型而言,其切片轮廓多由简单的直线、圆弧、低次曲线组合而成,因而能容易地在轮廓信息层次上发现错误,依照以上多种条件与信息,进行多余轮廓去除、轮廓断点插补等操作,可以切出正确的轮廓。对于不封闭轮廓,采用评价函数和裂纹跟踪处理,在一般三维实体模型随机丢失 10% 三角形的情况下,都可以切出有效的边界轮廓。

③ 定层厚切片。

快速成形制造技术实质上是分层制造、层层叠加的过程。分层切片是指对已知的三维 CAD 实体数据模型求某方向的连续截面的过程。切片模块在系统中起着承上启下的作用,其结果直接影响加工零件的规模、精度,它的效率也关系到整个系统的效率。切片处理的数据对象只是大量的小三角形平面,因此切片的问题实质上是平面与平面的求交问题。

定层厚切片算法过程如下。

第一步:排除奇异点。分层处理时,如有三角形顶点落在切平面上,则该点称为奇异点。若将切片过程中出现的奇异点带入后续处理中,会使得后续算法复杂,因此首先要设法排除奇异点。根据当前切片面高度,搜索所有的三角形顶点,判断是否存在奇异点。若存在奇异点,则用微动法调整切平面高度,使其避开奇异点。

第二步:搜索求交。搜索求交即依次去除组成实体表面的每一个三角形平面,判断它是否与切平面相交,若相交,则计算出两交点坐标。

第三步:整序保存。搜索求交计算出的是一条条杂乱无序的交线,为便于后续处理,必须将这些杂乱无章的交线依次连接起来,组成首尾相连的闭合轮廓。

重复以上过程,即可得到 CAD 实体零件分层后的每个截面数据,然后根据相应的文件格式将所有信息写入层面文件,待下一步软件处理生成加工扫描文件。

④ 适应性切片。

适应性切片(adaptive slicing)根据零件的几何特征来决定切片的厚度,在轮廓变化频繁的地方采用小厚度切片,在轮廓变化平缓的地方采用大厚度切片。与定层厚切片方法比较,可以减小 Z 轴误差、阶梯效应与数据文件的长度。

(2) 直接切片。

在工业应用中,保持从概念设计到最终产品模型的一致性是非常重要的。在很多案例中,原始 CAD 模型本来已经精确表示了设计意图,STL 文件反而降低了模型的精度。而且使用 STL 文件表示方形物体精度较高,表示圆柱形、球形物体精度较低。对于高次曲面物体,使用 STL 格式会导致文件大、切片费时,这就迫切需要抛开 STL 文件,直接从 CAD 模型中获取截面描述信息。在加工高次曲面时,直接切片(direct slicing)明显优于 STL 切片。相比较而言,采用原始 CAD 模型进行直接切片具有如下优点:

① 能减少快速成形的前处理时间;

② 可避免 STL 文件的检查和纠错过程;

③ 可降低模型文件的规模;

④ 能直接采用快速成形数控系统的曲线插补功能,从而提高工件的表面质量;

⑤ 能提高原型件的精度。

直接切片的方法有多种,如基于 ACIS 的直接切片法和基于 ARX SDK 的直接切片法等。

2) 切片算法

切片算法必须能够满足切片的速度要求,这是加工工艺所要求的,因为下一切片层的高度是在前一层加工完毕后才检测计算处理的,而且由于整个系统在工作时要求是全自动的,因此每个加工环节都必须具有高的可靠性,同时也必须要有一个速度快、可靠性高的切片软件。

图 4-96 所示为一种切片程序框图。首先读入 STL 文件,并将所有三角形面片的顶点坐标乘以一个较大的数,使其变为整数,以利于提高运算速度。然后将所有平行于 xy 平面的三角形面片选作表层,剩下的三角形面片都用来计算是否与 $z_0 + n\Delta z$ 相交。其中,z_0 为模型底部 z 面高度,Δz 为切片厚度,n 为切片层数。如果相交,则交线为轮廓线,使交线彼此顺序头尾相接,组成环。最后,确定 x、y 方向的网格线。

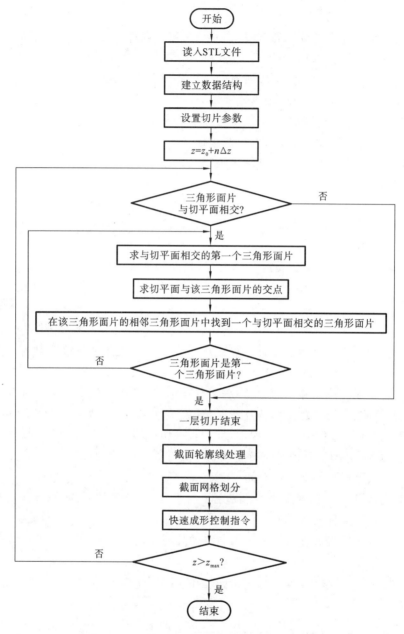

图 4-96　切片程序框图

4.5.5　增材制造技术的应用领域、发展方向及面临的问题

1. 增材制造技术的应用领域

不断提高增材制造技术的应用水平是推动增材制造技术发展的重要措施。目前,增材制造技术已在工业造型、机械制造、航空航天、军事、建筑、影视、家电、轻工、医学、考古、文化艺术、雕刻等领域都得到了广泛应用,如图 4-97 所示。

随着这一技术的发展,其应用领域将不断拓展。增材制造技术的实际应用主要体现在

图 4-97　增材制造制作的原型

以下几个方面。

（1）新产品开发过程中的设计验证与功能验证。该技术可快速地将产品设计的 CAD 模型转换成物理实物模型，这样可以方便地验证设计人员的设计思想和产品结构的合理性、可装配性、美观性，发现设计中的问题以及时修改。这不仅缩短了开发周期，而且降低了开发费用，也使企业在激烈的市场竞争中抢占先机。

（2）可制造性、可装配性检验和供货询价、市场宣传。对有限空间的复杂系统，如汽车、卫星、导弹等的可制造性和可装配性用增材制造获得的原型进行检验和设计，将大大降低此类系统的设计制造难度。对于难以确定的复杂零件，可以用增材制造技术进行试生产以确定最佳的工艺。此外，增材制造原型还是从产品设计到商品化各个环节间进行交流的有效工具，比如为客户提供产品样件、进行市场宣传等。增材制造技术已成为并行工程和敏捷制造的一种技术途径。

（3）单件、小批量和特殊复杂零件的直接生产。高分子材料零部件可用高强度的工程塑料直接快速成形，满足使用要求。复杂金属零件可通过快速铸造或直接金属件成形等增材制造技术获得，该项应用对航空航天及国防工业有特殊意义。

（4）快速模具制造。通过各种转换技术将增材制造原型转换成各种快速模具，如低熔点合金模、硅胶模、金属冷喷模、陶瓷模等，进行中小批量零件的生产，满足产品更新换代快、批量越来越小的发展趋势，如图 4-98 所示。

图 4-98　快速模具制造应用

（5）在医学领域的应用。近几年来，人们对增材制造技术在医学领域的应用研究逐渐加深，以医学影像数据为基础，利用增材制造技术制作人体器官模型，对外科手术有极大的应用价值。

（6）在文化艺术领域的应用。在文化艺术领域，增材制造技术多用于艺术创作、文物复制、数字雕塑等。

（7）在航空航天技术领域的应用。在航空航天领域中，空气动力学地面模拟实验（即风洞实验）是设计性能先进的天地往返系统（即航天飞机）所必需的重要环节。该实验中所用的模型形状复杂，精度要求高，又具有流线型特性，采用增材制造技术，根据 CAD 模型，由增材制造设备自动完成实体模型，能够很好地保证模型质量，如图 4-99 至图 4-102 所示。

图 4-99　航空发动机机匣

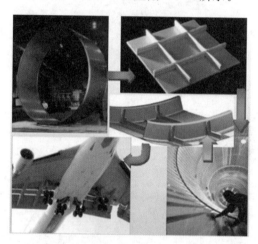

图 4-100　大型运输机舱体壁板结构

图 4-101　增材制造的无人驾驶飞机

图 4-102　增材制造的赛车

（8）在家电行业的应用。目前，增材制造技术在国内的家电行业中得到了很大程度的普及与应用，使得许多家电企业走在了国内前列。如：广东的美的、华宝、科龙，江苏的春兰、小天鹅，青岛的海尔等，都采用增材制造系统来开发新产品，取得了很好的效果。

2. 增材制造技术的发展方向

从目前增材制造技术的研究和应用现状来看，该技术的进一步研究和开发工作主要有以下几个方面。

（1）开发性能好的快速成形材料，如成本低、易成形、变形小、强度高、耐久度高及无污染的成形材料。

（2）提高增材制造系统的加工速度，开拓并行制造的工艺方法。

（3）改善成形系统的可靠性，提高其生产效率和制作大件的能力，优化设备结构，以提高成形件的精度、表面质量、力学和物理性能，为进一步进行模具加工和功能实验提供基础。

（4）开发高性能增材制造技术软件。提高数据处理速度和精度，研究开发利用 CAD 原始数据直接切片的方法，减少由 STL 文件转换和切片处理过程所产生精度损失。

（5）开发新的成形能源。

（6）增材制造方法和工艺的改进和创新。直接金属成形技术将会成为今后研究与应用的又一个热点。

（7）进行增材制造技术与 CAD、CAE、RT、CAPP、CAM 以及高精度自动测量、反求工程的集成研究。

3. 增材制造技术面临的问题

目前增材制造技术还是面临着很多问题，问题大多来自技术本身的发展水平，其中最突出的表现在如下几个方面。

1）工艺问题

增材制造的基础是分层叠加原理，所以用什么材料进行分层叠加，以及如何进行分层叠加大有研究价值。因此，除了上述常见的分层叠加成形法之外，还需研究开发一些新的分层叠加成形法，以便进一步改善制件的性能，提高成形精度和成形效率。

2）材料问题

成形材料研究一直都是一个热点问题，材料性能要满足如下要求：

（1）有利于快速、精确加工；

（2）用于直接制造功能件的材料要接近零件最终用途对强度、刚度、耐潮、热稳定性等的要求；

（3）有利于成形件的后续处理。

发展全新的增材制造材料，特别是复合材料，例如纳米材料、非均质材料、其他方法难以制作的材料等仍是努力的方向。

3）精度问题

目前，增材制造成形件的精度一般为 ± 0.1 mm。增材制造技术的基本原理决定了其难以达到与传统机械加工同等水平的表面质量和精度，把增材制造的基本成形思想与传统机械加工方法集成，优势互补，是改善增材制造成形精度的重要方法之一。

4）软件问题

目前，增材制造系统使用的分层切片算法都是基于 STL 文件进行转换的，而 STL 文件的数据表示方法存在不少缺陷，如三角形网格会出现一些空隙而造成数据丢失，还有平面分层所造成的台阶效应，也降低了成形件表面质量和精度。目前，应着力开发新的模型切片方法，如基于特征的模型直接切片法、曲面分层法，即不进行 STL 文件转换，直接对 CAD 模型进行切片处理，得到模型的各个截面轮廓，或利用反求工程得到的逐层切片数据直接驱动快速成形系统,从而减少三角形网格近似产生的误差,提高成形精度和速度。

5) 能源问题

当前增材制造技术所采用的能源有光能、热能、化学能、机械能等,在能源密度、能源控制的精细性等方面均需进一步提高。

课后思考题

1. 简述工业机器人的基本组成及其技术参数。

2. 简述工业机器人学包含的研究内容。

3. 简述工业机器人的控制方式有哪几种。

4. 简述机器人参数坐标系有哪些。

5. 简述人机工程学在其形成与发展过程中大致经历了哪三个阶段。

6. 结合本学科理论及专业实践,试论述人机工程学研究的内容对智能制造的作用。

7. 简述增材制造技术的几种主要工艺方法。

8. 简述增材制造技术产业面临的挑战,并分析目前增材制造技术与传统制造业(如数控机床等)的关系。

第5章　新一代信息技术

5.1　概述

教学课件

新一代信息技术已成为制造业竞争力的核心要素。当前,以机械为核心的工业正在加快向以信息技术为核心的工业转变,多个行业领域中信息技术的应用不断深入,在新产品中的占比不断提升。如汽车领域,传统汽车技术中硬件价值占比90%,软件等信息技术价值占比10%;但目前方兴未艾的新一代智能汽车更强调互联、内容和数据分析等功能,硬件价值占比下降到40%,软件、内容和服务价值占比升至60%。麦肯锡甚至预言未来汽车90%的创新由汽车电子支撑,其中80%取决于软件技术。再如工业装备领域,以工业机器人为例,传统机器人成本的75%来自机械部分,25%来自电气控制部分;新一代智能机器人以具备环境感知能力、理解能力和决策能力为特征,人工智能、运动控制和应用开发是其三大技术支撑,信息技术占了67%。还有高端装备领域,以航空制造为例,空客A380客机的软件代码规模已达2亿行,新一代无人机的关键核心技术是自主稳定驾驶和远程操控系统,均属于信息技术范畴。

新一代信息技术是拉动制造业价值链重塑发展的重要基础。智能制造是基于新一代信息技术,贯穿设计、生产、管理、服务等环节,具有信息深度自感知、智慧优化自决策、精准控制自执行等功能的先进制造过程、系统与模式的总称,可大大增强制造价值链上下游各环节之间的互动,从而深刻优化、重塑制造业的现有流程并重组产业链。这种价值链和产业链的优化重塑将带来生产效率的大幅提升并催生新的商业模式和商业形态,是推动国民经济转型升级的重要动力来源之一。信息技术正是智能制造发挥上述作用的重要基础。

本章主要介绍了与智能制造相关的新一代信息技术,如人工智能、工业大数据、移动互联网、云计算平台、工业云、知识自动化、数字孪生技术及产品数字孪生体、数据融合技术等的发展。

5.2　人工智能

人工智能是计算机科学的一个分支,它企图了解智能的实质,并生产出一种新的能以与人类智能相似的方式做出反应的智能机器。该领域的研究包括机器人、语音识别、图像识别、自然语言处理和专家系统等。

5.2.1　人工智能及其发展简史

人工智能(artificial intelligence,AI)是研究、开发用于模拟、延伸和扩展人的智能的理论、方法、技术及应用系统的一门新的技术科学。它自诞生以来,理论和技术日益成熟,应用领域也不断扩大,可以设想,未来人工智能带来的科技产品,将会是人类智慧的"容器"。人工智能可以对人的意识、思维的信息过程进行模拟,它不是人的智能,但能像人那样思考。

人工智能是一门极富挑战性的科学,包括十分广泛的科学,如机器学习、计算机视觉、心理学、哲学等。总的说来,人工智能研究的一个主要目标是使机器能够胜任一些通常需要人类智能才能完成的复杂工作。但不同的时代、不同的人对这种"复杂工作"的理解是不同的。

1956年夏季,一批有远见卓识的年轻科学家在一起聚会,共同研究和探讨用机器模拟智能的一系列有关问题,并首次提出了"人工智能"这一术语,它标志着"人工智能"这门新兴学科的正式诞生。IBM公司的超级计算机"深蓝"击败了国际象棋冠军更是人工智能技术的一次完美表现。2017年12月,"人工智能"入选"2017年度中国媒体十大流行语"。

人工智能的目的是让计算机这台机器能够像人一样思考。如果希望做出一台能够思考的机器,那就必须知道什么是思考,更进一步讲就是什么是智慧。什么样的机器才是智慧的呢?机器可以模仿我们身体其他器官的功能,但是能不能模仿人类大脑的功能呢?到目前为止,我们也仅仅知道大脑是由数十亿个神经细胞组成的器官,我们对大脑其实知之甚少,模仿它或许是天下最困难的事情了。

当计算机出现后,人类开始真正有了一个可以模拟人类思维的工具,在以后的岁月中,无数科学家为这个目标努力着。如今人工智能已经不再是几个科学家的专利了,全世界几乎所有大学的计算机系都有人在研究这门学科,学习计算机的大学生也必须学习这样一门课程。在大家不懈的努力下,如今计算机似乎已经变得十分聪明了。大家或许不会注意到,在一些地方计算机正在帮助人完成一些原来只属于人类的工作,计算机以它的高速和准确为人类发挥着它的作用。人工智能始终是计算机科学的前沿学科,计算机编程语言和其他计算机软件都因为人工智能的进展而得以发挥更大的作用。

5.2.2 人工智能2.0

人类对人工智能最基本的假设就是人类的思考过程可以机械化。人工智能1.0时代,人工智能主要是通过推理和搜索等简单的规则来处理问题,能够解决一些诸如迷宫、梵塔问题等所谓的"玩具问题"。

而人工智能2.0是基于重大变化的信息新环境和发展新目标的新一代人工智能。其中,信息新环境是指互联网与移动终端的普及、传感网的渗透、大数据的涌现和网上社区的兴起等。新目标是指智能城市、智能经济、智能制造、智能医疗、智能家居、智能驾驶等从宏观到微观的智能化新需求。可望升级的新技术有大数据智能、跨媒体智能、自主智能、人机混合增强智能和群体智能等。

人工智能2.0经历了以下三个发展阶段。

1. 知识库系统(数据库)

计算机程序设计的快速发展极大地促进了人工智能的突飞猛进,随着计算机符号处理能力的不断提高,知识可以用符号结构表示,推理也简化为符号表达式的处理。这一系列的研究推动了知识库系统的建立。但是,其缺陷在于知识描述非常复杂,且需要不断升级。

2. 机器学习(互联网)

机器学习被定义为一种能够通过经验自动改进计算机算法的研究。早期的人工智能以推理、演绎为主要目的,但是随着研究的深入和方向的改变,人们发现人工智能的核心应该是使计算机具有智能,使其学会归纳和综合总结,而不仅仅是演绎出已有的知识,使其能够获取新知识和新技能,并识别现有知识。

机器学习的基本结构可表述为:环境向学习系统提供信息,而学习系统利用这些信息修改知识库。在具体的应用中,学习系统利用这些信息修改知识库后,执行系统就能提高完成任务的范围和效能,执行系统根据知识库完成任务之后,还能把执行任务过程中获得的信息反馈给学习系统,让学习系统得到进一步扩充。

简单地说,机器学习相对知识库系统而言,可以自主更新或升级知识库。机器学习就是在对海量数据进行处理的过程中,自动学习区分方法,以此不断消化新知识。机器学习的核心是数据分类,其分类的方法(或算法)有很多种,如决策树、正则化法、朴素贝叶斯算法、人工神经网络等。

3. 深度学习(大数据)

深度学习这个术语是从 1986 年开始流行的,但是,当时的深度学习理论还无法解决网络层次加深后带来的诸多问题,计算机的计算能力也远远达不到深度神经网络的要求。更重要的是,深度学习赖以施展威力的大规模海量数据还没有完全准备好。

深度学习的概念源于人工神经网络的研究。含多隐层的多层感知器就是一种深度学习结构。深度学习通过组合低层特征形成更加抽象的高层表示属性类别或特征,以发现数据的分布式特征表示。

深度学习是机器学习中一种基于对数据进行表征学习的方法。观测值(例如一幅图像)可以使用多种方式来表示,如每个像素强度值的向量,或者更抽象地表示成一系列边、特定形状的区域等。而使用某些特定的表示方法更容易从实例中学习(例如,人脸识别或面部表情识别)。深度学习的好处是用非监督式或半监督式的特征学习和分层特征提取高效算法来替代手工获取特征。

深度学习是机器学习研究中的一个新的领域,其动机在于建立、模拟人脑进行分析学习的神经网络,它模仿人脑的机制来解释数据,例如图像、声音和文本。

5.2.3　人工智能 2.0 新目标

人工智能 2.0 是人工智能发展的新形态。它既区别于过去出于某个流派或领域的一系列研究,也不同于现在的针对某种热门技术而延展的改进方向。人工智能 2.0 的目标是结合内外双重驱动力,以求在新形势、新需求下实现人工智能的质的突破。相比于历史上的任何时刻,人工智能 2.0 将以更接近人类智能的形态存在,以提高智力活动能力为主要目标。它将紧密地融入我们的生活(跨媒体和无人系统),甚至成为我们身体的一部分(混合增强智能),可以阅读、管理、重组人类知识(知识计算引擎),为生活、生产、资源、环境等社会发展问题提出建议(智慧城市、智慧医疗),在某些专门领域中的博弈、识别、控制、预测等能力接近甚至超越人的水平。

人类在人工智能 2.0 的辅助下能进一步认识与把握复杂的宏观系统,如城市发展、生态保护、经济管理、金融风险等,也能进一步提高解决具体问题的能力,如医疗诊治、产品设计、安全驾驶、能源节约等。人工智能 2.0 的新目标是指建设智能城市、智能经济、智能制造、智能医疗、智能家居、智能驾驶等从宏观到微观的智能化新需求。

1. 智能城市

智能城市是一个系统,也称为网络城市、数字化城市、信息城市,如图 5-1 所示。它不但包括人脑智慧、计算机网络、物理设备这些基本的要素,还会形成新的经济结构、增长方式和社会形态。

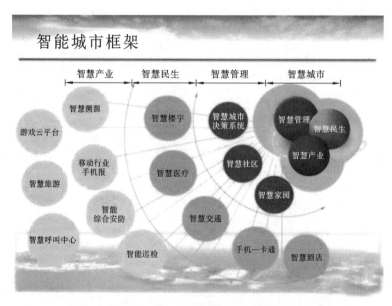

图 5-1 智能城市概念示意图

智能城市建设是一个系统工程。在智能城市体系中,首先是城市管理智能化,由智能城市管理系统辅助管理城市,其次是智能交通、智能电力、智能建筑、智能安全等基础设施智能化,还有智能医疗、智能家庭、智能教育等社会智能化和智能企业、智能银行、智能商店等生产智能化,从而全面提升城市生产、管理、运行的现代化水平。

智能城市是信息经济与知识经济的融合体,信息经济的计算机网络提供了建设智能城市的基础条件,而知识经济的人脑智慧则将人类智慧变为城市发展的动能。智能城市建设是智能经济的先导。

2. 智能经济

智能经济以智能机和信息网络为基础、平台和工具,是智慧经济形态的组成部分,突出了智能机和信息网络的地位和作用,体现了知识经济形态和信息经济形态的历史衔接。

在智能经济时代,将人的智慧转变为计算机软件系统,通过计算机网络下达指令给物理设备,物理设备按照指令完成预定动作。智能环保、智能建筑、智能交通、智能政府、智能医疗构成智能经济的不同领域。

实践证明,基于人类智慧和计算机网络的智能经济具有更高的效率。一辆 30 万元的汽车加上自动驾驶智能系统后,价格就可能上升到 1000 万元,简单地说,30 万元+智能=1000 万元,这种效率是传统工业无法达到的,因而智能一旦出现将以新的结构和形态取代传统工业,形成智能经济革命。

智能经济是信息经济与知识经济结合的产物，是继机械工业、电气工业、信息工业之后人类文明的又一重大进步，而这一进步将带来人类社会新的智能革命。

3. 智能制造

智能制造（intelligent manufacturing，IM）是一种由智能机器和人类专家共同组成的人机一体化智能系统，它在制造过程中能进行智能活动，诸如分析、推理、判断、构思和决策等。人与智能机器的合作共事，可部分地取代人类专家在制造过程中的脑力劳动。它把制造自动化的概念更新，扩展到柔性化、智能化和高度集成化。

毫无疑问，智能化是制造自动化的发展方向。在制造过程的各个环节几乎都广泛应用人工智能技术。专家系统技术可以用于工程设计、工艺过程设计、生产调度、故障诊断等。神经网络和模糊控制技术等先进的计算机智能方法可以应用于产品配方、生产调度等，实现制造过程智能化。而人工智能技术尤其适合于解决特别复杂和不确定的问题。但同样显然的是，要在企业制造的全过程中实现智能化，目前还无法做到。有人甚至提出这样的问题，下个世纪会实现智能自动化吗？而如果只是在制造的某个局部环节实现智能化，无法保证全局的优化，则这种智能化的意义是有限的。

4. 智能医疗

智能医疗是指通过打造健康档案区域医疗信息平台，利用最先进的物联网技术，逐步达到信息化，实现患者与医务人员、医疗机构、医疗设备之间的互动。在不久的将来医疗行业将融入更多人工智慧、传感技术等高科技，使医疗服务走向真正意义上的智能化，推动医疗事业的繁荣发展。在中国新医改的大背景下，智能医疗正在走进寻常百姓的生活。

随着人均寿命的延长、出生率的下降和人们对健康的关注，现代社会人们需要更好的医疗系统。这样，远程医疗、电子医疗（e-health）的需求就显得非常迫切。借助于物联网/云计算 技术、人工智能的专家系统、嵌入式系统的智能化设备，可以构建完善的物联网医疗体系，使全民平等地享受顶级的医疗服务，减少或避免由医疗资源缺乏导致的看病难、医患关系紧张、医疗事故频发等现象。

5. 智能家居

智能家居是在互联网影响之下物联化的体现。智能家居通过物联网技术将家中的各种设备（如音视频设备、照明系统、窗帘、空调、安防系统、数字影院系统、影音服务器、影柜系统、网络家电等）连接到一起，提供家电控制、照明控制、电话远程控制、室内外遥控、防盗报警、环境监测、暖通控制、红外转发以及可编程定时控制等多种功能，如图 5-2 所示。与普通家居相比，智能家居不仅具有传统的居住功能，而且兼备建筑、网络通信、信息家电、设备自动化，提供全方位的信息交互功能，甚至可以节约各种能源费用。

智能家居作为一个新生产业，处于导入期与成长期的临界点，市场消费观念还未形成，但随着智能家居市场推广普及的进一步落实，培育消费者的使用习惯，智能家居市场的消费潜力必然是巨大的，产业前景光明。正因为如此，国内优秀的智能家居生产企业愈来愈重视对行业市场的研究，特别是对企业发展环境和客户需求趋势变化的深入研究，一大批优秀的智能家居品牌迅速崛起，逐渐成为智能家居产业中的翘楚。智能家居从人们最初的梦想，到今天真实地走进我们的生活，经历了一个艰难的过程。

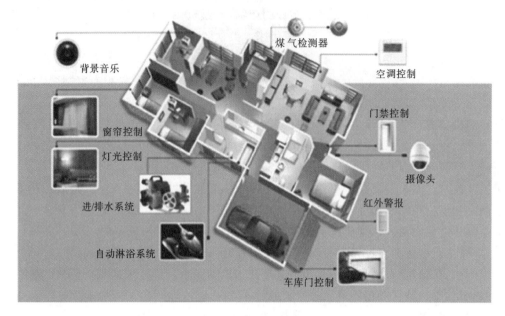

图 5-2　智能家居设计

6. 智能驾驶

智能驾驶与无人驾驶是不同的概念,智能驾驶更为宽泛。它指的是机器辅助人驾驶,以及在特殊情况下完全取代人驾驶的技术,如图 5-3 所示。

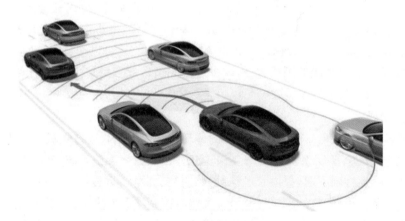

图 5-3　人工智能辅助驾驶

智能驾驶的时代已经来到。比如说,很多车有自动刹车装置,其技术原理非常简单,就是在汽车前部装上雷达和红外线探头,当探知前方有异物或者行人时,自动帮助驾驶员刹车。另一种技术与此非常类似,即在路况稳定的高速公路上实现自适应巡航,也就是与前车保持一定距离,前车加速时本车也加速,前车减速时本车也减速。这种智能驾驶可以在极大程度上减少交通事故,从而更安全。

智能驾驶作为战略性新兴产业的重要组成部分,是由互联网时代到人工智能时代过程中,出现的第一篇精彩乐章,也是世界新一轮经济与科技发展的战略制高点之一。发展智能驾驶,对于促进国家科技、经济、社会、生活、安全及综合国力提升有着重大的意义。

5.2.4　与人工智能有关的几个问题

问题 1:自动驾驶汽车还要多久才能普及?

这取决于如何定义"自动驾驶"。美国国家公路交通安全管理局为车辆定义了 6 个自动等级,如下。

0 级:人类驾驶员执行全部的驾驶任务。

1 级:车辆能够偶尔通过控制方向盘或车速来为人类驾驶员提供支持,但不能同时进行。

2 级:在某些情境下(通常是在高速公路上),车辆可以同时控制方向盘和车速。人类驾驶员必须时刻保持高度注意力,监控驾驶环境,并完成驾驶所需的其他行为,如变换车道、驶离高速公路、遇到红绿灯时停车、为警车让行等。

3 级:在某些特定情境下,车辆可以执行所有的驾驶行为,但是人类驾驶员必须随时保持注意力,并随时准备在必要时收回驾驶控制权。

4 级:在特定情境下,车辆能够完成所有的驾驶行为,人类驾驶员不需要投入注意力。

5 级:车辆可以在任何情境下完成所有驾驶行为。人类驾驶员只是乘客,完全不需要参与驾驶。

对于上述提到的"在特定的情境下",我们无法列出一个详尽的清单。比如说,对于一辆 4 级自动驾驶汽车,尽管能想象到许多有可能会对自动驾驶造成挑战的情境,如恶劣的天气、城市交通拥堵、在建筑区域内导航穿行,或是在没有任何车道标志的、狭窄的双向道路上行驶,但是并不能列出所有特定情况。

路上行驶的大多数车辆都处于 0 级和 1 级,它们都有巡航控制系统,但没有转向或制动控制系统,其中,一些带有自适应巡航控制系统的车型,被认为达到了 1 级。仅有少量几款车型目前处于 2 级和 3 级,例如,装备了自动驾驶系统的特斯拉汽车,这些车辆的制造商和使用者仍在学习哪些情境属于需要人类驾驶员接管的"特定情境"。也有一些试验车辆可以在相当宽泛的情境下实现完全自动驾驶,但是它们仍然需要一个随时待命、收到通知就能立刻接管车辆的人类"安全驾驶员"。目前为止,已经发生了好几起自动驾驶汽车引发的致命事故,其中也包括一些试验用车事故,这些事故都发生在本应由人类驾驶员接管车辆,但却没被及时注意到的场景。自动驾驶汽车行业迫切希望生产和销售完全自动驾驶汽车,也就是 5 级自动驾驶汽车。事实上,完全自动驾驶是我们消费者一直期盼的,也是自动驾驶汽车的相关各方所努力的方向。那么,想要让我们的汽车实现真正的自动驾驶,还有哪些障碍?

为了让车辆在所有情况下都能可靠地驾驶,其驾驶员需要了解共享道路的其他驾驶员、骑自行车的人、行人和动物的动机、目标,甚至情感。打量一眼复杂的情境并瞬间判断谁有可能横穿马路、冲过街道去追赶公共汽车、不打信号灯就突然转向,或者在人行横道上停下来调整损坏的高跟鞋,等等。这是大多数人类驾驶员的第二天性,但自动驾驶汽车还不具备这些。

自动驾驶汽车面临的另一个迫在眉睫的问题就是各种潜在的恶意攻击。计算机安全专家已经表明：当今我们驾驶的许多非自动驾驶汽车正越来越多地受到软件的控制，因而它们与无线网络（包括蓝牙、手机网络和互联网）的连接很容易受到黑客的攻击。由于未来的自动驾驶汽车将完全受软件控制，因此它们受到黑客恶意攻击的可能性更大。除此之外，机器学习研究人员已经证明，对自动驾驶汽车的计算机视觉系统的潜在对抗性攻击是存在的，比如，在停车标志上贴上并不显眼的标签，会使汽车将它们识别为限速标志。所以，为自动驾驶汽车开发合适的计算机安全防御系统将与开发自动驾驶技术同样重要。

除了黑客攻击外，自动驾驶汽车还可能面临的一个问题就是我们所谓的人性。人们难免会想对完全自动驾驶汽车搞一些恶作剧，以探索它们的弱点，例如，在车前来回走动假装要过马路，以阻止汽车前进。应该如何给汽车的自动驾驶系统进行编程，使其能够识别和处理这种行为呢？对于完全自动驾驶汽车，还有一些重大的法律问题需要解决，比如，谁应该为一起事故负责？这类汽车需要办理哪种保险？自动驾驶汽车的未来，还存在一个尤为棘手的问题：汽车行业应该以实现部分自主驾驶——汽车在特定情境下执行所有驾驶行为，但仍然需要人类驾驶员保持注意力并在必要的时候接管为目标，还是应该以实现完全自主驾驶——人类能够完全信任车辆的驾驶并且完全无须花费注意力作为唯一目标？

鉴于上面所描述的问题，实现足够可靠的、在几乎所有情境下都能自主行驶的完全自动驾驶汽车的技术还不存在，我们也很难预测什么时候这些问题才能被解决，专家们的预测从几年到几十年不等。一句值得记住的格言是：对于一项复杂的技术项目，完成其前 90% 的工作往往只需要花费 10% 的时间，而完成最后 10% 的工作则需要花费 90% 的时间。支持 3 级自动驾驶的技术现在已经存在，但正如已被多次阐明的那样，人类在部分自动驾驶上的表现非常糟糕。即便人类驾驶员知道他们应该时刻保持注意力，但他们有时也做不到，由于车辆无法处理某些特殊的情况，因此事故就可能会发生。

这对于我们来说意味着什么？要实现完全自动驾驶，本质上需要通用人工智能，而这几乎不可能很快实现。具备部分自主性的汽车现在已经存在，但是由于人类驾驶员并不总是能集中注意力，因此还是很危险。对于这一困境，最可能奏效的解决方法是改变对完全自主的定义，可以将其改为：仅允许自动驾驶车辆在建造了确保车辆安全的基础设施的特定区域内行驶。我们通常将这一解决方案称为"地理围栏"（geofencing）。福特汽车公司前自动驾驶车辆总工程师杰基·迪马科（Jackie Di Marco）是这样解释地理围栏的："当我们谈论 4 级自动驾驶时，我们指的是在一个地理围栏内的完全自动驾驶，在该区域内我们有一个定义过的高清地图。一旦拥有了这张地图，你就能了解你所处的环境，你能够知道灯柱在哪里、人行横道在哪里、道路规则是什么、速度限制是多少等信息。我们认为车辆的自动驾驶能力能够在一个特定的地理围栏中成长，并且会随着新技术的加入而得到进一步的提升。随着我们的不断学习，我们能解决越来越多的问题。"

当然，那些令人讨厌的喜欢恶作剧的人也包含在地理围栏内。吴恩达建议，行人需要学会在身处自动驾驶汽车的周围时表现得更加可预测，"我们需要告诉人们的是，请遵守法律并多加体谅"。吴恩达的自动驾驶公司 Drive.ai 已经推出了一支能够在特定的地理围栏内接送乘客的完全自主的自动驾驶出租车车队，从得克萨斯州开始，因为这里是美国少数几个法律允许自动驾驶车辆上路的州之一。我们很快就能看到这将会取得什么成果。

问题 2：人工智能会导致人类大规模失业吗？

猜测是不会，至少近期不会。马文·明斯基的"容易的事情做起来难"这句格言仍然适用于人工智能的大部分领域，并且许多人类的工作对计算机或机器人而言可能比我们想象的要困难得多。

毫无疑问，人工智能系统将在某些工作上取代人类，它们已经取代了部分的人类工作，其中很多都给社会带来了益处。目前没有人知道人工智能会在总体上对就业产生什么样的影响，因为没有人能够预测未来人工智能的能力。

关于人工智能对就业可能产生的影响已有很多报道，尤其是关于包含驾驶员在内的数百万个岗位的脆弱性，很有可能从事这些工作的人最终会被取代，但我们无法确定自动驾驶汽车何时才能大规模普及，从而使得这一时间很难被预测。

尽管存在不确定性，但技术和就业的问题恰恰是人工智能伦理整体正在讨论的一部分。很多人指出：从历史上看，新技术创造了与它们所取代的一样多的新就业岗位，人工智能可能也不例外。也许人工智能将接手卡车司机的岗位，但由于人工智能伦理发展的需要，该领域将会为道德哲学领域创造出更多岗位。这种说法不是为了削弱潜在的问题，而是为了表达关于这一问题的不确定性。美国经济顾问委员会 2016 年发布的一份关于人工智能可能会对经济产生影响的调查报告强调："人们对这些影响的感受有多强烈，以及它将以多快的速度到来，仍存在很大的不确定性，根据现在可掌握的证据，我们不可能做出具体的预测，因此政策制定者必须为一系列可能的结果做好准备。"

问题 3：计算机能够具有创造性吗？

对很多人来说，计算机具有创造性这个想法听起来像是一个悖论。机器的本质，归根结底是"机械性"，这是一个在日常语言中和"创造性"相对立的词语。怀疑论者可能会争辩道："一台计算机只能做那些人类编码要求其完成的事情，因此它是不可能具有创造性的，创造性需要独立创造出一些新事物。"

有一种观点认为：由于从定义上来说，一台计算机只能做一些经过明确编码的事情，因而它不可能是具有创造性的。梅拉妮·米歇尔认为这种观点是错误的，一个计算机程序可以通过许多种方式生成其编码人员从未想到过的东西，从原则上讲，计算机是有可能具有创造性的，但她也认同，具备创造性需要能够理解并判断自己创造了什么。如果从这个角度来看，那么，现在没有一台计算机可被看作是具有创造性的。

一个相关的问题是：计算机程序是否能够生成一件优美的艺术或音乐作品。虽然美感是高度主观的，但答案绝对是能，因为已有大量很美的由计算机生成的艺术作品，比如计算机科学家和艺术家卡尔·西姆斯（Karl Sims）的"遗传艺术"。西姆斯利用一种受达尔文自然选择理论启发的算法来编码，使计算机生成数字艺术品。该程序利用带有一些随机元素的数学函数来生成几种不同的候选艺术品，让研究人员选择他们最喜欢的艺术品。该程序通过在其底层数学函数中引入随机性来创建所选艺术品的变体，研究人员随后会从这些变体中选择其最喜欢的一件，以此类推，进行多次迭代。西姆斯通过这种方法创造出了一些令人惊叹的抽象作品，并已在博物馆展览中广泛展出。

西姆斯的程序的创造力来自人与计算机的合作：计算机生成原始的艺术作品，然后生成其后续变体，而人类对计算机生成的作品做出评判，其依据来自人类对抽象艺术的理解。计算机对抽象艺术并没有任何理解力,因此它本身并不具有创造性。

在音乐生成方面,也有类似的例子,计算机生成了美妙的或者说至少令人愉悦的音乐,但梅拉妮·米歇尔认为其创造力只能通过与人类合作才能产生,人类提供了判断一首曲子好坏的标准,这为计算机的输出结果提供了判断依据。

以这种方式生成音乐的最著名的计算机程序是大卫·科普的 EMI。EMI 被设计为可用多个古典作曲家的风格生成音乐,并且它的一些作品甚至成功地骗过了一些音乐家,让他们相信这些作品是由真正的人类作曲家创作的。

大卫·科普创造 EMI 的初衷是:将其作为他私人的"作曲小助手"。他一直对运用随机性创作音乐的悠久传统十分着迷。一个著名的例子是莫扎特和 18 世纪的其他音乐家常玩的所谓的"音乐骰子游戏":创作者把一首曲子切分成很多小片段,然后通过掷骰子来选择该片段在新乐曲中的位置。

问题 4:我们距离创建通用的人类水平 AI 还有多远?

对于这一问题,目前基本上存在两种观点。

第一种观点,引用艾伦人工智能研究所的所长奥伦·埃齐奥尼的话来回答这个问题:"做出你的估计,延长至 2 倍、3 倍,再延长至 4 倍,那就到它实现的时候了。"

第二种观点,引用安德烈·卡帕西的评价:"我们真的,真的相距甚远。"

"computer"这个词最初指代的是人,事实上,它通常指代那些人工或使用台式机械计算器来执行计算任务的女性,她们在第二次世界大战期间,帮助士兵完成与火炮瞄准相关的对导弹轨迹的计算任务,这是其最原始的含义。根据克莱尔·埃文斯(Claire Evans)的《宽带》(*Broad Band*)一书中的内容:"在 20 世纪 30—40 年代,'女孩'一词与'计算机'一词是可以互换使用的。国防研究委员会的一位成员甚至将一个'kilogirl'单位的劳动大概等价为 1000 个小时的计算劳动。"

20 世纪 40 年代中期,电子计算机在计算领域取代了人类,并立即成了"超级人类"。与任何人类"计算机"不同的是:这些机器计算一个飞行炮弹轨迹的速度甚至超过了炮弹本身飞行速度的 15%。这是计算机能够表现出色的许多细分领域任务中的第一个。如今,采用最先进的人工智能算法的计算机,已经征服了许多其他细分领域中的任务,但通用智能依然尚未实现。

在人工智能的历史上,许多知名的研究人员已经预测过,通用人工智能将在 10 年、15 年、25 年或"一代人"的时间内出现,然而,这些预测最终没有一个实现的。

"预测是很难的,尤其是对未来的预测。"不论在人工智能领域还是其他任何领域,这句话都是正确的。几项针对人工智能从业者的、关于通用人工智能或超级智能何时到来的调查研究,其结果也是相当宽泛,从"未来 10 年会出现"到"永远都不会出现"的结果都有17%。换句话说,我们对此毫无头绪。

我们所知道的是,通用的、人类水平的人工智能需要人工智能研究人员一直努力去理解和再现的能力,比如,对常识的理解、抽象和类比等,但这些方面的能力被证明是非常难以获得的。而且,其他一些重大的问题仍然存在:通用人工智能需要意识吗?有对自我的感知吗?能感受情绪吗?具有生存的本能和对死亡的恐惧吗?需要一具躯体吗?目前,我们的研究现在还处在关于心智的一系列概念的形成期。

5.3　工业大数据

大数据是制造业提高核心能力、整合产业链和实现从要素驱动向创新驱动转型的有力工具。对一个制造型企业来说，其不仅可以用大数据来提升企业的运行效率，更重要的是能用大数据等新一代信息技术所提供的能力来改变商业流程及商业模式。

5.3.1　工业大数据及其战略作用

工业大数据是在工业领域中，围绕典型智能制造模式，从客户需求到销售、订单、计划、研发、设计、工艺、制造、采购、供应、库存、发货和交付、售后服务、运维、报废或回收再制造等产品全生命周期各个环节所产生的各类数据及相关技术和应用的总称。其以产品数据为核心，极大地延展了传统工业数据范围，同时还包括工业大数据相关技术和应用。

从企业战略管理的视角，可看出工业大数据的战略作用如图 5-4 所示。

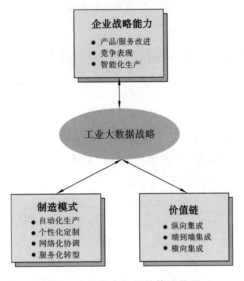

图 5-4　工业大数据的战略作用

工业大数据的战略核心能力在于它可以用于提升企业的运行效率。在价值链方面，大数据及其相关技术可以帮助企业扁平化运行，加快信息在产品生产制造过程中的流动。在制造模式方面，大数据可用于帮助制造模式的改变，形成新的商业模式。比较典型的智能制造模式有自动化生产、个性化制造、网络化协调及服务化转型等。

5.3.2　工业大数据的架构

当前，工业领域主流的工业大数据架构主要是从智能制造的视角进行设计的，图 5-5 所示的架构包含三个维度：生命周期与价值流、企业纵向层和 IT 价值链。

其中，生命周期与价值流维度分为三个阶段，即研发与设计、生产与供应链管理及运维与服务，分别讨论各阶段的数据类型、应用及价值创新；企业纵向层包含信息物理系统

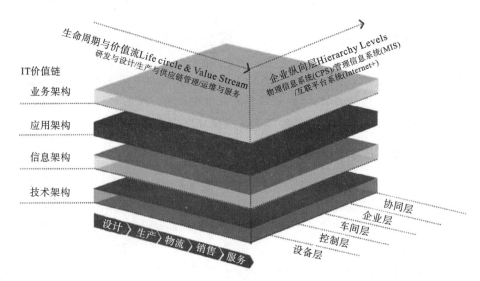

图 5-5　工业大数据的架构

(CPS)、管理信息系统(MIS)和互联平台系统(Internet＋),分别讨论企业各层为实现工业大数据应用及工业转型所需进行的工作;IT价值链讨论指导工业大数据落地的业务架构、应用架构、信息架构和技术架构,且在技术架构中,针对工业大数据及工业企业的特点对实现工业大数据应用所需的技术组件进行了讨论。

1. 生命周期与价值流

工业大数据架构中的生命周期与价值流维度涵盖了整个产品生命周期的各阶段,即研发与设计、生产、物流、销售、运维与服务五个阶段,其中,生产、物流和销售与产品可进一步归类于生产与供应链管理阶段。

2. 企业纵向层

工业大数据架构的企业纵向层从物理的角度自下而上共5层,分别为设备层、控制层、车间层、企业层和协同层。在设备层、控制层、车间层,可利用物联网,基于信息物理系统(CPS)实现智能工厂;在企业层和车间层,企业集成内部各种信息化应用,进行企业内部业务流程整合和改造(BPM),提升企业运行效率;协同层使用工业云等平台技术,实现企业外部协同制造及制造业服务化等创新业务模式。

3. IT 价值链

大数据的价值通过数据的收集、预处理、分析、可视化和访问等活动来实现。在 IT 价值链维度上,大数据价值通过存放大数据的网络、基础设施、平台、应用工具及其他服务来实现运营效率的提高和业务创新的支撑。

5.3.3　工业大数据的特征

工业大数据除具有一般大数据的特征(“4V”特征,即数据量大、多样性、快速性和价值密度低)外,还具有时序性、强关联性、准确性、闭环性等特征。

1. 数据量(volume)大

数据量的大小决定数据的价值和潜在的信息。工业数据体量比较大,大量机器设备的高频数据和互联网数据持续涌入，大型工业企业的数据集规模将达到 PB 数量级甚至 EB 数量级。

2. 多样性（variety）

多样性指数据类型的多样性和来源广泛。工业数据广泛分布于机器设备、工业产品、管理系统、互联网等各个环节；并且结构复杂，既有结构化和半结构化的传感数据，也有非结构化数据。

3. 快速性（velocity）

快速性指获得和处理数据的速度快。工业数据处理速度需求多样，生产现场级要求数据处理分析时间达到毫秒级，管理与决策应用需要支持交互式或批量数据分析。

4. 价值（value）密度低

工业大数据更强调用户价值驱动和数据本身的可用性，包括提升创新能力和生产经营效率，以及促进个性化定制、服务化转型等智能制造新模式变革。

5. 时序性（sequence）

工业大数据具有较强的时序性，如订单、设备状态数据等。

6. 强关联性（strong-relevance）

一方面，产品生命周期同一阶段的数据具有强关联性，如产品零部件组成、工况、设备状态、维修情况、零部件补充采购等；另一方面，产品生命周期中研发设计、生产、服务等不同环节的数据之间需要进行关联。

7. 准确性（accuracy）

准确性主要指数据的真实性、完整性和可靠性，更加关注数据质量，以及处理、分析技术和方法的可靠性。对数据分析的置信度要求较高，仅依靠统计相关性分析不足以支撑故障诊断、预测预警等工业应用，需要将物理模型与数据模型相结合，挖掘因果关系。

8. 闭环性（closed-loop）

闭环性包括产品全生命周期横向过程中数据链条的封闭和关联，以及智能制造纵向数据采集和处理过程中，需要支撑状态感知、分析、反馈、控制等闭环场景下的动态持续调整和优化。

由于具有以上特征，工业大数据作为大数据的一个应用行业，在具有广阔应用前景的同时，对传统的数据管理技术与数据分析技术也提出了很大的挑战。

5.3.4　工业大数据推动制造业革新

软件定义世界，硬件改变世界，数据驱动世界。工业软件借力工业大数据，将给制造业带来巨大革新，这已成为近年来工业软件与制造业融合发展方面的共识。

无论是手机中的应用，还是汽车上的数字化驾驶界面，抑或是数字化图样和数控程序，它们都有一个共同的名字——软件。而决定技术进化的核心要素要数工业软件。工业软件不仅作为数字化研发手段，支持了新产品、新工业、新材料的发展，也作为新型"零部件"大举进入产品之中，形成了产品本身的数字化，如图 5-6 所示。

图 5-6　工业软件作为新型"零部件"嵌入产品中

工业 4.0 时代,每一个产品将承载其整个供应链和生命周期中所需的各种信息,实现追踪溯源。智能工厂能灵活决定生产过程,不同的生产设备既能够协作生产,又可以各自快速地对外部变化做出反应。

5.3.5　工业大数据与互联网大数据

在有关工业 4.0 的规划中,美国和德国同时强调对工业大数据进行分析的重要性。实际上,大数据分析技术最早并非兴起于工业领域,而是因为互联网中产生的社会和媒体大数据,且传统的互联网大数据分析手段主要是按照前文所述的"4V"特征去发展与完善的。

然而,仅仅依靠传统的互联网大数据分析技术,已无法满足工业大数据的分析要求,原因在于工业大数据具有更强的专业性、关联性、流程性、时序性和解析性等特点,而这些特点都是传统的互联网大数据处理手段所无法应对的。

因此,有别于互联网大数据分析技术,工业大数据分析技术的核心是要解决重要的"3B"问题。

(1) Below Surface——隐匿性,即需要洞悉特征背后的意义。

工业环境中的大数据与互联网大数据相比,最重要的不同在于对数据特征的提取。工业大数据注重特征背后的物理意义以及特征之间关联性的机理逻辑,而互联网大数据则倾向于仅仅依赖统计学工具挖掘属性之间的相关性。

(2) Broken——碎片化,即需要避免断续,注重时效性。

相对于互联网大数据的"量",工业大数据更注重数据的"全",即面向应用要求具有尽可能全面的使用样本,以覆盖工业过程中的各类变化条件,保证从数据中能够提取出反映对象真实状态的全面性信息。然而,从大数据环境的产生端来看,感知源的多样性与相对异步性或无序性,导致尽管能够获得大量工业数据,但数据特征或变化要素却仍然呈现出遗漏、分散、断续等特点,这也是大量数据分析师 90% 以上的工作时间都会贡献给不良数据的"清洗"的原因。因此,工业大数据一方面需要在后端的分析方法上克服数据碎片化带来的困难,利用特征提取等手段将这些数据转化为有用的信息,另一方面更需要从前端的数据获取上以价值需求为导向制定数据标准,进而在数据与信息流通的平台中构建统一的数据环境。

与此同时,工业大数据的价值又具有很强的实效性,即当前时刻产生的数据如果不迅速转变为可以支持决策的信息,其价值就会随时间流逝而迅速衰退。这也就要求工业大数据的处理手段具有很高的实时性,对数据流需要按照设定好的逻辑进行流水线式的处理。

(3) Bad Quality——低质性,即需要提高数据质量,满足低容错性。

工业数据碎片化缺陷来源的另一方面也显示出对数据质量的担忧,即数据的"量"无法保障数据的"质",这就可能导致数据可用率低,因为低质量的数据可能直接影响到分析过程而导致结果无法利用。但互联网大数据则不同,其可以只针对数据本身进行挖掘和关联分析而不考虑数据本身的意义,挖掘到什么结果就是什么结果,最典型的例子就是对超市购物习惯的数据进行挖掘后,啤酒货架就可以摆放在尿不湿货架的对面,而不用考虑它们之间有什么机理性的逻辑关系。

换句话说,相比于互联网大数据通常并不要求有多么精准的结果推送,工业大数据对预测和分析结果的容错率要低得多。互联网大数据在进行预测和决策时,考虑的仅仅是两个属性之间的关联是否具有统计显著性,其中的噪声和个体之间的差异在样本量足够大时都可以被忽略,这样给出的预测结果的准确性就会大打折扣。比如,互联网大数据分析结果表明有 70% 的显著性应该给某个用户推荐 A 类电影,即使该用户并非真正喜欢这类电影也不会造成太严重的后果。但是在工业环境中,如果仅仅通过统计的显著性给出分析结果,哪怕仅仅一次的失误都可能造成严重的后果。

互联网大数据与工业大数据的对比分析见表 5-1。

表 5-1　互联网大数据与工业大数据的对比分析

比 较 项 目	互联网大数据	工业大数据
数据量需求	大量样本数	尽可能全面地使用样本
数据质量要求	较低	较高,需要对数据质量进行预判和修复,对数据属性进行分析
意义的解读	不考虑属性的意义,只分析统计显著性	强调特征之间的物理关联
分析手段	以统计分析为主,通过挖掘样本中各个属性之间的相关性进行预测	具有一定逻辑的流水线式数据流分析手段,强调跨学科技术的融合,包括数学、物理、机器学习、控制、人工智能等
分析结果准确性要求	较低	较高

因此,简单地照搬互联网大数据的分析手段,或是仅仅依靠数据工程师,解决的只是算法工具和模型的建立问题,还无法满足工业大数据的分析要求。工业大数据分析并不仅仅依靠算法工具,而是更加注重逻辑清晰的分析流程和与分析流程相匹配的技术体系。这就好比一个很聪明的年轻人如果没有经过成体系的思想和逻辑思维方式的培养,那么他就很难成功完成一件复杂度很高的工作。然而很多专业领域的技术人员,由于接受了大量与其工作相关的思维流程训练,具备了清晰的条理思考能力及完善的执行流程,因此往往更能胜

任复杂度较高的工作。

5.3.6 工业大数据的价值

虽然美德两国在工业4.0的定义和实施重点方面有所差异,但相同的是对基于工业大数据的价值创造体系目标和价值的认同。

从技术端来看,工业大数据分析的价值在于它能够解决什么样的问题,能为用户提供什么样的服务。同时,这个过程强调的是,工业大数据能够通过横向与纵向环节的互联实现在统一平台的信息共享,由此将资源利用与分析维度规模化、价值最大化,进而能够最大范围地面向各环节的用户进行应用服务的定制与按需分发,由此又可衍生出持续性服务共赢的模式。

从应用端来看,大数据环境能够为工业界带来的价值主要体现在以下几个方面:

(1) 以较低成本满足用户的定制化需求;

(2) 使制造过程的信息透明化,提升效率,提升质量,降低成本和资源消耗,实现更有效的管理;

(3) 提供设备全生命周期的信息管理和服务,使设备的使用更加高效、节能、持久,减少运维环节中的浪费和成本,提高设备的可用率;

(4) 使人的工作更加简单,甚至部分代替人的工作,在提高生产效率的同时降低工作量;

(5) 实现全产业链的信息整合,使整个生产系统协同优化。让生产系统变得更加动态和灵活,进一步提高生产效率并降低生产成本。

对工业4.0的智能制造转型而言,工业大数据的核心价值目标,正在于将:

(1) 定制化与规模化结合;

(2) 个性化与普适化结合;

(3) 微观与宏观结合;

(4) 当前与未来结合。

5.4 移动互联网

移动互联网的概念已经诞生很多年了,它是将移动通信与互联网相结合而产生的技术。这一切,都依赖于以智能手机为代表的移动终端的迅速发展。手机,将人类的通信方式从固定转变为灵活。而进入21世纪后,各种类型的智能移动终端的普及更是掀起了一场移动互联网的革命。

5.4.1 移动互联网简介

互联网是网络与网络相连而构成的一个大网络。关于移动互联网的概念,有研究者认为移动互联网是相对传统互联网而言的,强调用户可以不限地点、时间和终端,能随时通过移动设备接入互联网并使用相关业务。也有研究者认为移动互联网不是移动通信和互联网二者简单的结合,而是深度融合,属于一种全新的产业形式。

　　简单地说,移动互联网就是将移动通信和互联网二者融为一体,是互联网的技术、平台、商业模式和应用与移动通信技术结合并实践的活动的总称,如图 5-7 所示。4G 时代的开启以及移动终端设备的凸显必将为移动互联网的发展注入巨大的能量。

图 5-7　移动互联网概念图

5.4.2　移动互联网的优势

　　不知从什么时候起,生活与移动互联网已经变得形影不离,我们只需要轻轻地点触指尖,就能够随时随地获取想要的信息。而我们的生活方式也正因此被移动互联网所改变,这都归因于移动互联网所具备的显著优势。

1. 高便携性

　　通常,移动设备都以远高于 PC 的使用时间伴随在人们身边。因此,使用移动设备上网,可以带来 PC 上网无可比拟的优越性,可随时沟通与获取资讯。

2. 隐私性

　　移动设备用户的隐私性远高于 PC 端的。不需要考虑通信运营商与设备商在技术上如何实现它,高隐私性决定了移动互联网终端应用的特点——数据共享时既要保障认证用户的有效性,也要保证信息的安全性。这就不同于互联网公开透明的特点。互联网下,PC 端的用户信息是可以被收集的。而移动通信用户可保护自己设备上的信息。

3. 输入便捷

　　移动设备通常能进行语音通话和语音输入,方便快捷。移动用户还可以用一些肢体语言去控制设备(例如:重力感应)。

5.4.3 移动互联网的应用

科技改变生活,万维网的兴起让我们感叹购物可以如此之方便快捷,而移动互联网又让这种方便变得更加具体和多元化,不论是服装团购、商家推荐,还是折扣信息、搭配技巧,我们随时随地都能够快速地获取想要了解的信息。

1. 移动支付

移动支付也称为手机支付,就是允许用户使用其移动终端(通常是手机)对所消费的商品或服务进行账务支付的一种支付方式。单位或个人通过移动设备、互联网或者近距离传感直接或间接向银行等金融机构发送支付指令,产生货币支付与资金转移行为,从而实现移动支付功能。移动支付将终端设备、互联网、应用提供商以及金融机构相融合,为用户提供货币支付、缴费等金融业务。

移动支付主要分为近场支付和远程支付两种。近场支付,就是用手机感应的方式坐车、买东西等,很便利。远程支付是指通过发送支付指令(如网银、电话银行、手机支付等)或借助支付工具进行支付的方式,如两大移动支付巨头:支付宝和微信(见图 5-8)。

图 5-8 两大移动支付平台

2. 手机视频

手机视频是指基于移动网络(3G、4G、Wi-Fi 等网络),通过手机终端,向用户提供影视、娱乐、体育、音乐等各类音视频内容直播、点播、下载服务的业务。常见手机视频服务提供商如图 5-9 所示。手机视频通常需要对原始视频源进行转码,使其适合于手机观看。手机视频转码方式主要有两种:离线转码和实时转码。离线转码是指事先对视频节目源按一定的格式、码率等进行转码处理,存储后供用户通过手机访问。实时转码是指手机用户对某个节

图 5-9 手机视频服务提供商

目源提出观看请求,转码系统根据该请求,将视频呈现给用户观看。

3. 手机导航

手机导航(mobile navigation)就是通过手机的导航功能,从目前所在的地方去到想要到达的地方。手机导航就是卫星手机导航,它与手机电子地图的区别就在于,它能够告诉你在地图中所在的位置,以及你要去的那个地方在地图中的位置,并且能够在你所在位置和目的地之间选择最佳路线,并在行进过程中为你提示行进方向,如图 5-10 所示。具有定位和导航功能的手机正日益受到消费者的追捧,市场前景较好。

图 5-10　手机导航

5.4.4　移动互联网新技术

近几年来,随着网络与通信技术的飞速发展,无线通信在人们的生活中扮演着越来越重要的角色,其中近距离无线通信技术正在成为人们关注的焦点。目前,近距离无线通信技术包括蓝牙(bluetooth)、802.11(Wi-Fi)、近场通信(near field communication,NFC)、ZigBee、红外(IrDA)、超宽带(UWB)等,它们都有各自的特点:或基于传输速度、距离、耗电量的特殊要求,或着眼于功能的扩充性,或符合某些单一应用的特别要求等。但是没有一种技术可以满足所有的要求。不同无线通信技术的传输速率和传输距离见图 5-11。

1. 蓝牙

蓝牙技术使用高速跳频(FH)和时分多址(TDMA)等先进技术,在近距离内最廉价地将几台数字化设备(各种移动设备、固定通信设备、计算机及其终端设备,各种数字数据系统如数字照相机、数字摄像机等,甚至各种家用电器、自动化设备)呈网状连接起来。蓝牙技术是网络中各种外围设备接口的统一桥梁,消除了设备之间的连线,以无线连接取而代之。

蓝牙是一种短距的无线通信技术。它的标准是 IEEE802.15,工作在 2.4 GHz 频带。带宽为 1 Mbit/s。电子装置彼此可以通过蓝牙而连接起来,省去了传统的电线。通过芯片

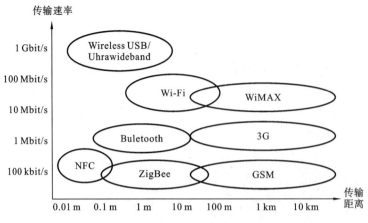

图 5-11　不同无线通信技术的传输速率和传输距离

上的无线接收器,配有蓝牙技术的电子产品能够在 10 m 的距离内彼此相通,传输速度可以达到 1 Mbit/s。蓝牙技术具有的优势包括:支持语音和数据传输;传输范围大、穿透能力强;采用跳频展频技术,抗干扰性强,不易被窃听;使用在各国都不受限制的频谱;功耗低;成本低。蓝牙技术的劣势主要体现在传输速度慢、传输距离限制较大。

2. Wi-Fi

Wi-Fi(wireless fidelity),又称 80211 标准,是 IEEE 定义的一个无线网络通信的工业标准。该技术使用的是 2.4 GHz 附近的频段,该频段目前尚属没用许可的无线频段。其主要特性为:速度快、可靠性高、在开放性区域通信距离可达 305 m;在封闭性区域,通信距离为 76~122 m,方便与现有的有线以太网络整合,组网的成本更低。

(1) 覆盖范围广。基于蓝牙技术的电波覆盖范围非常小,半径大约只有 15 m,而 Wi-Fi 的覆盖半径则可达 100 m 左右。办公室自不用说,就是在整栋大楼中也可使用。

(2) 传输速度快。虽然由 Wi-Fi 技术传输的无线通信质量不是很好,数据安全性能比蓝牙的差一些,传输质量也有待改进,但其传输速度非常快,可以达到 11 Mbit/s,符合个人和社会信息化的需求。

Wi-Fi 最主要的优势在于不需要布线,可以不受布线条件的限制,因此非常适合移动办公用户,具有广阔的市场前景。目前,它已经从传统的医疗保健、库存控制和管理服务等特殊行业向更多行业拓展开去,进入家庭以及教育机构等领域。

随着无线网络的发展,当初还是仅在笔记本市场独领风骚的 Wi-Fi 已经越来越普及,而且这种势头大有向外蔓延的趋势。目前 Wi-Fi 手机也普及应用了,通过它可以极大地节省电话开支,可在线进行音/视频点播,设备间可共享数据信息等。

3. WiMAX

WiMAX(worldwide interoperability for microwave access)即微波接入全球互操作性(也可称为 802.16 无线城域网),是一项新兴的宽带无线接入技术,能提供面向互联网的高速连接,数据传输距离最远可达 50 km。WiMAX 还具有 QoS(服务质量)保障、传输速率高、业务丰富多样等优点。

(1) 链路层技术。TCP/IP 协议的特点之一是对信道的传输质量有较高的要求。无线宽带接入技术面对日益增长的 IP 数据业务,必须适应 TCP/IP 协议对信道传输质量的要求。在 WiMAX 技术的应用条件(室外远距离)下,无线信道的衰落现象非常显著。在质量不稳定的无线信道上运用 TCP/IP 协议,其效率将十分低下。WiMAX 技术在链路层加入了 ARQ 机制,减少到达网络层的信息差错,可大大提高系统的业务吞吐量。同时 WiMAX 采用天线阵、天线极化方式等天线分集技术来应对无线信道的衰落,这些措施都提高了 WiMAX 的无线数据传输的性能。

(2) QoS 性能。WiMAX 可以向用户提供具有 QoS 性能的数据、视频、VoIP(网络电话)业务。WiMAX 可以提供 3 种等级的服务:CBR(固定比特率)、CIR(承诺信息速率)、BE(尽力而为)。CBR 的优先级最高,任何情况下网络操作者与服务提供商以高优先级、高速率及低延时为用户提供服务,保证用户订购的带宽。CIR 的优先级次之,网络操作者以约定的速率来为用户提供服务,当速率超过规定的峰值时,优先级会降低;还可以根据设备带宽资源情况向用户提供更多的传输带宽。BE 则具有更低的优先级,这种服务类似于传统网络的尽力而为的服务,网络不提供优先级与速率的保证,在系统满足其他用户较高优先级业务的条件下,尽力为用户提供传输带宽。

(3) 工作频段。整体来说,WiMAX 工作的频段采用的是无须授权频段,范围在 $2\sim66$ GHz,而 802.16a 则是一种采用 $2\sim11$ GHz 无须授权频段的宽带无线接入系统,其频道带宽可根据需求在 $15\sim20$ MHz 范围进行调整。因此,WiMAX 所使用的频谱将比其他任何无线技术都丰富。

宽带无线接入技术是各种有线接入技术强有力的竞争对手,在高速 Internet 接入、双向数据通信、私有或公共电话系统、双向多媒体服务和广播视频等领域具有广泛的应用前景。相对于有线网络,宽带无线接入技术具有巨大的优势,如无线网络部署快,建设成本低,无线网络具有高度的灵活性,升级方便,维护和升级费用低,可以根据实际使用的需求阶段性地进行投资。

5.5　云计算

5.5.1　云计算的概念

云计算(cloud computing)是基于互联网的相关服务的增加、使用和交付模式,通常涉及通过互联网来提供动态易扩展且经常是虚拟化的资源。美国国家标准与技术研究院(NIST)对云计算定义如下:云计算是一种按使用量付费的模式,这种模式提供可用的、便捷的、按需的网络访问,进入可配置的计算资源(包括网络、服务器、存储、应用软件、服务)共享池,这些资源能够被快速提供,只需投入很少的管理工作,或与服务供应商进行很少的交互,如图 5-12 所示。

云计算是分布式计算、并行计算、效用计算、网络存储、虚拟化、负载均衡、热备份冗余等传统计算机和网络技术发展融合的产物。

云计算甚至可以让你体验每秒 10 万亿次的运算能力,这么强大的计算能力可以模拟核爆炸,预测气候变化和市场发展趋势。用户通过计算机、笔记本电脑、手机等方式接入数据

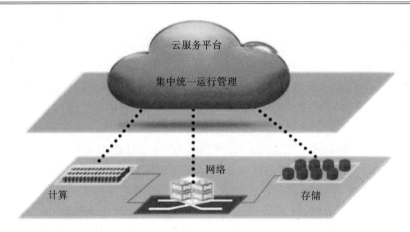

图 5-12　云计算

中心,按自己的需求进行运算。

云计算的出现降低了用户对客户端的依赖,将所有的操作都转移到互联网上来。

以前为了完成某项特定的任务,往往需要使用某个特定的软件公司开发的客户端软件,在本地计算机上来完成。这种模式最大的弊端是信息共享非常不方便。比如:一个工作小组需要几个人共同起草一份文件,传统模式是每个小组成员单独在自己的计算机上处理信息,然后再将每个人的分散文件通过邮件或者 U 盘等形式与同事进行信息共享,如果小组中的某位成员要修改某些内容,需要这样反复地和其他同事共享信息和商量问题。这种方式效率很低。

而云计算的思路则截然不同。云计算把所有的任务都搬到了互联网上,小组中的每个人只需要用一个浏览器就能访问那份共同起草的文件,这样,如果 A 做出了某个修改,B 只需要刷新一下页面,马上就能看到 A 修改后的文件。这样一来,信息的共享相对于传统的模式显得非常便捷。

这些文件都是统一存放在服务器上的,而成千上万的服务器会形成一个服务器集群,也就是大型数据中心。这些数据中心之间采用高速光纤网络连接。这样全世界的计算能力就如同天上飘着的一朵朵云,它们之间通过互联网连接,如图 5-13 所示。有了云计算,很多数

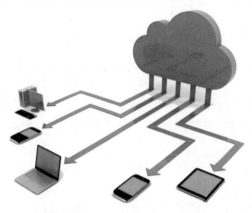

图 5-13　联网设备共享云端资源

据都存放到了云端,很多服务也都转移到了互联网上,这样,只要有网络连接,就能够随时随地访问信息、处理信息和共享信息,而不再是做任何事情都仅仅局限在本地计算机上,不再是离开了本地计算机就不能处理任何信息的模式。

5.5.2　云计算的特点

云计算使计算分布在大量的分布式计算机上,而非本地计算机或远程服务器中,企业数据中心的运行将与互联网更相似。这使得企业能够将资源切换到需要的应用上,根据需求访问计算机和存储系统。好比是从古老的单台发电机模式转向了电厂集中供电模式。它意味着计算能力也可以作为一种商品进行流通,就像煤气、水、电一样,取用方便,费用低廉。

云计算的特点如下。

1. 超大规模

云计算具有相当大的规模,Google 云计算已经拥有 100 多万台服务器,Amazon、IBM、微软、Yahoo 等的云计算均拥有几十万台服务器。企业私有云计算一般拥有数百上千台服务器。云计算能赋予用户前所未有的计算能力。

2. 虚拟化

云计算支持用户在任意位置使用各种终端获取应用服务。所请求的资源来自"云",而不是固定的有形的实体。应用在"云"中某处运行,用户无须了解,也不用担心应用运行的具体位置。只需要一台笔记本电脑或者一部手机,用户就可以通过网络服务来得到所需要的,甚至包括完成超级计算这样的任务。

3. 高可靠性

云计算使用了数据多副本容错、计算节点同构可互换等措施来保障服务的高可靠性。使用云计算比使用本地计算机可靠。

4. 通用性

云计算不针对特定的应用,在"云"的支撑下可以构造出千变万化的应用,同一个"云"可以同时支撑不同的应用运行。

5. 高可扩展性

"云"的规模可以动态伸缩,满足应用和用户规模增长的需求。

6. 按需服务

"云"是一个庞大的资源池,可按需购买,可以像水、电、煤气那样计费。

7. 极其廉价

由于云计算的特殊容错措施可以采用极其廉价的节点来实现,其自动化集中式管理使大量企业无须负担日益高昂的数据中心管理成本,其通用性使资源的利用率较之传统系统大幅提升,因此用户可以充分享受其低成本优势,经常只要花费几百美元、几天时间就能完成以前需要数万美元、数月时间才能完成的任务。

8. 潜在的危险性

云计算除了提供计算服务外,还提供存储服务。但是云计算服务当前垄断在私人机构(企业)手中,而它们仅仅能够提供商业信用。政府机构、商业机构(特别是像银行这样持有敏感数据的商业机构)选择云计算服务时应保持足够的警惕。一旦商业用户大规模使用私人机构提供的云计算服务,无论其技术优势有多强,都不可避免地会让这些私人机构以"数据(信息)"的重要性挟制整个社会。对信息社会而言,信息是至关重要的。虽然云计算中的数据对于数据所有者以外的其他用户是保密的,但是对于提供云计算的机构,确实毫无秘密可言。所有这些潜在的危险,是商业机构和政府机构选择云计算服务,特别是国外机构提供的云计算服务时,不得不考虑的一个重要的前提。

5.6 工业云

5.6.1 工业云的概念

工业云是充分利用云计算、物联网、大数据等新一代信息技术,结合资源及能力,整合业务手段,汇集各类加快新型工业化进程的成熟资源,面向工业企业,通过网络将弹性的、可共享的资源和业务能力,以按需自服务方式供应和管理的新型服务模式。工业云平台如图5-14所示。

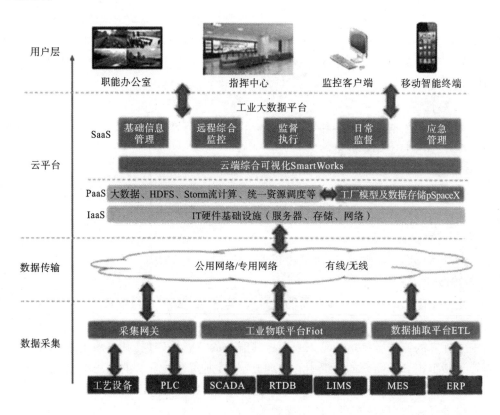

图 5-14 工业云平台

工业云面向工业产品研发、设计、生产、销售等全生命周期,将所需制造资源和制造能力整合与池化,为工业企业方便、快捷地提供各种制造服务,以实现社会制造资源的共享与制造能力的协同。在工业云模式下,服务提供者与服务使用者的角色并不固定。服务提供者向工业云贡献制造资源、制造能力、制造技术和知识,同时,也可以从工业云获取所需的制造资源、制造能力、制造技术和知识以开展活动。面对工业用户的需求,工业云通过解决方案契合,合理调度用户所需的服务,推动制造模式从以订单和产品为中心的传统制造模式向以需求为中心的制造模式转变,实现新一代工业转型升级。

5.6.2　工业云的架构

工业云在云计算模式下对工业企业提供 IT 服务,使工业企业的社会资源实现共享化。它是传统云与专业的工业软件和定制化管理系统的结合。

工业云与云计算的架构相同,如图 5-15 所示,由基础设施即服务(IaaS)层、平台即服务(PaaS)层、软件即服务(SaaS)层组成。

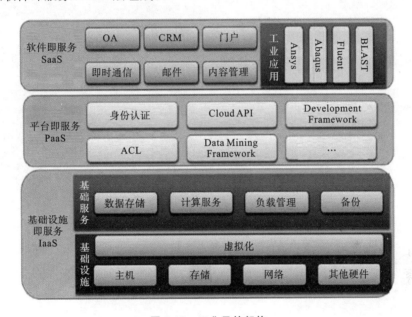

图 5-15　工业云的架构

基础设施即服务层包含云计算的基础设施和工业制造的基础设施,通过工业云亦可向外提供基础设施服务。它为工业云的平台即服务层和软件即服务层的运行提供最基础的设施支撑。

平台即服务层包括制造资源(智能机器人、3D 打印、智能仪表等)、工业软件(CAX、MES、ERP、PLM 等)、IT 资源(计算资源、存储资源、网络资源等)、大数据资源(设备数据、物料数据、客户数据、知识库等),不仅可以直接向用户提供资源服务,也可以通过软件应用将资源服务封装之后,作为应用向用户提供。

软件即服务层提供制造全生命周期的软件应用,包括营销应用、研发应用、生产应用、服务应用、测评应用、仿真应用,可针对用户的需求提供各种不同的应用,也可将基础设施即服务和平台即服务进行封装,向外提供软件应用服务。

5.6.3 工业云的应用

从云计算和工业技术角度来看,工业云的应用包括:云存储、云应用、云制造、云社区、云设计、云管理。

1. 云存储

云存储是工业云基于互联网或者分布式存储理论提供的存储解决方案。该服务提供面向工业智能化应用需要实施的查询、实时监管、仿真、渲染、量级归档、流程化或离散化工作逻辑集中的存储服务,如图 5-16 所示。

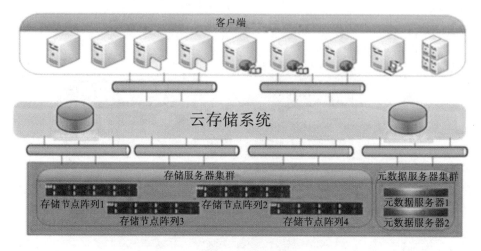

图 5-16 云存储

云存储提供给企业分散、分步、分时、分区域的灵活存储方式,并在工业企业生产组织整个生产周期中提供对数据的整体管理、灵活调用。云存储的按需交付、成本低廉、灵活定制、扩展自如等特性使得工业企业或工业智能应用专注生产制造、智能化支撑的核心业务,而无须为复杂、逻辑烦琐、权限横向集成要求高的存储业务投入精力。

2. 云应用

云应用通过资源整合、能力池化进一步实施产品化特征封装集群化服务。云应用服务在集成工业资源、工业能力过程中,面向工业企业的宽泛、个性需求,形成产品化落实。

云应用包含一系列通用型的信息化管控服务,如企业管理、企业在线营销、企业信息化、协同办公等,还包括一系列面向工业生产制造的专项服务,如生产制造智能化支撑、设备运行优化、虚拟设计(PDM)、CAD、CAM、在线 3D 打印服务、工业管理(WPM)、制造执行(MES)、质量管理(QMS)、供应链(SCM)、产品管理(PLM)、设备远程维护、能源管理、环节管理等。

云应用可以把传统软件"本地安装、本地运算"的使用方式变为"即取即用"的服务方式,通过互联网或局域网连接并操控远程服务器集群,完成业务逻辑或运算任务。云应用不但可以帮助用户降低 IT 成本,更能大大提高工作效率。

3. 云制造

云制造是先进的信息技术、制造技术以及新兴物联网技术等交叉融合的产物,是制造即服务理念的体现。它采取包括云计算在内的当代信息技术前沿理念,支持制造业在广泛的网络资源环境下,为产品提供高附加值、低成本和全球化制造的服务。云制造提供的服务覆盖计划、排程、制造、质量、能源、设备、库存等各个环节,保证生产制造过程高效、高质、低耗、灵活、准时。云制造的运行原理如图 5-17 所示。

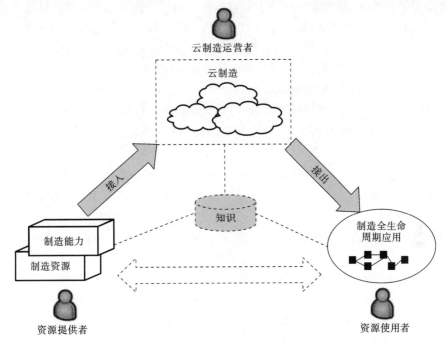

图 5-17　云制造的运行原理

　　从图 5-17 可以看出,云制造系统中的用户角色主要有三种,即资源提供者、云制造运营者、资源使用者。资源提供者对产品全生命周期过程中的制造资源和制造能力进行感知、虚拟化接入,将其以服务的形式提供给第三方运营平台(云制造运营者);云制造运营者主要实现对云服务的高效管理、运营等,可根据资源使用者的应用请求,动态、灵活地为资源使用者提供服务;资源使用者能够在云制造运营平台的支持下,动态、按需使用各类应用服务(接出),并能实现多主体的协同交互。在云制造运行过程中,知识起着核心支撑作用。知识不仅能够为制造资源和制造能力的虚拟化接入和服务化封装提供支持,还能为实现基于云服务的高效管理和智能查找等功能提供支持。

　　4. 云社区

　　云社区是工业云集合各个工业产业内外的应用厂商、企业用户、专家,以灵活多样的形式,实施知识库收集、经验分享、专业化咨询和权威辅导的在线交流平台。同一主题的社区集中了具有共同需求的访问者。

　　云社区作为工业云平台的服务,可以向企业用户推送消息,使得企业用户随时随地了解最新的行业政策,知晓国内外的行业动向。用户可以在社区中发布相关信息、需求、问题,从不同的拥有直接经验或者权威理论的用户处得到帮助。云社区旨在打造面向新时期工业产业知识汇集的社区化虚拟空间,在知识汇集的基础上,整合专业化服务和资源,向工业企业提供供需对接和资源共享服务,包括企业资源信息发布、供需对接、企业沟通社交、设计标准、零部件库、设计案例、培训教程等。

5. 云设计

云设计服务于产品研发,为工业企业整体提升研发水平、创新竞争力提供支持。它通过聚合顶端的设计资源和设计人才,打造工业设计仿真验证快速成形全流程设计服务,推行网络化协作以及众包的设计模式,从技术角度实现计算机辅助设计(CAD)、计算机辅助工程(CAE)等先进设计工具同生产排产制造的有机融合。云设计以云计算的理论为指导,按需租用,将设计软件及周边辅助类应用提供给工业企业,辅以社区专家技术指导,使企业能够在成本可控的前提下,方便、快捷地完成专业化产品的创新研发设计,可以显著缩短研发周期,提高研发效率。利用协同设计模式,云设计亦能够将企业外部的设计能力引入产品设计之中,使企业更好地利用外部智力,提升自身产品竞争力。

6. 云管理

云管理是指借助云计算和其他相关技术,通过集中式管理系统建立完善的数据体系和信息共享机制。工业云通过资源与能力的整合,将通常意义上的云服务资源管理与企业管理应用进行合并,并封装为云管理应用。云管理用互联网、云计算等新兴技术所带来的创新型管理模式,以实现经营管理优化为目的,提升总体管理的信息化与自动化程度。云管理平台服务中,用户可以实现对各种云资源和云服务的运维管理,包括资源管理、服务管理、用户管理、权限管理、费用查询和支付管理等功能。同时,云管理打破了传统的组织局限,突破了时空局限、资源局限,进一步整合企业资源管理、客户关系管理、制造执行管理、财务管理、进销存管理、成本管理等应用软件,帮助企业构建云端管理新模式。

5.6.4　工业云发展现状

1. 国内发展现状

我国高度重视工业云的发展。近年来,国家出台了一系列政策鼓励工业云的发展,把工业云作为推动"两化"深度融合和"互联网＋"的重要抓手,初步形成"政府引导,企业主体,平台共享,联盟推进"的基本方针。

除了政府主导搭建以外,各地有条件的企业也在工业云领域加紧布局,对工业云的发展模式进行了全新探索,进一步扩大了工业云产业的规模,丰富了工业云的内涵。

航天云网搭建的工业云平台满足企业以较低的成本获取制造所需的关键资源与服务,高效完成制造业务的需求,支持企业进行产业链条管控与跨企业协同的产业及协作服务,提供协同研发、采购、营销、生产、售后等协作服务,帮助企业打通内外信息流、业务流、物流、资金流。

中国电信基于电信云网一体化资源,构建云网合一的工业专网云平台,面向工业企业,提供设计协同、制造协同、供应链协同、服务协同、资源共享等服务。

三一重工旗下的树根互联已接入23万多台设备,实时采集5000多个运行参数,为众多客户提供精准的大数据分析、预测、运营支持及商业模式创新服务。

沈阳机床基于 i5 智能数控系统实现了从机床的智能化到车间、工厂智能化的机床加工行业全链条解决方案,构建了以智能设备互联、基于数据和信息分享的工业云平台,以此为载体连接社会的制造资源,实现社会化生产力协同的"i5 新生态"。

经过几年的建设与发展,国内工业云平台已初具规模,并初显成效,为提高企业信息化水平、研发水平和制造能力,促进企业转型升级发挥了积极的作用。据不完全统计,国内公共云服务平台累计注册用户已超 1500 万,推动了工业云服务的应用落地。

2. 国外发展现状

国外主要工业国家,如德国、美国等,正大力推广和应用工业云。

德国在产业政策上对工业云相关的技术和应用给予了大力支持。德国提出的工业4.0,以信息物理系统为基础,基于云计算平台来处理问题,实现生产高度数字化、网络化。德国在中小企业中进行试点示范,为中小型企业在物联网产业和互联网中的项目提供资金支持,尤其是数字产品,以及适应数字化进程和网络商业模式的开发测试。

美国在智能制造中不遗余力地支持工业云。美国提出的工业互联网将工业系统与云计算、分析、感应技术以及互联网连接融合,构建制造新模式。美国工业互联网联盟在 2015 年发布了《工业互联网参考体系架构》,协助软硬件厂商开发与工业互联网兼容的产品,实现企业、云计算系统、网络等不同类型实体互联。

工业云的产业化应用也得到了各个企业的重视,而投身其中的,不仅有工业企业,还有信息技术企业。

2014 年,通用电气(GE)公司发布了首个工业互联网云平台 Predix,该平台将机器、数据、人和其他设备连接起来,实现分布式计算、大数据分析、数据资产管理和机器间通信,提高了生产效率。到 2014 年年底,Predix 平台每天监测和分析来自 1000 万个传感器的 5000 万项元数据。2015 年年底 GE 宣布 Predix 营收 50 亿美元,并宣布开放其云平台,使用户可以开发个性化的应用。

2016 年西门子公司推出了开放工业云平台 MindSphere,可以提供预防性维护、能源数据管理以及工厂资源优化等数字化服务。

日本发那科与思科、罗克韦尔自动化公司发布了 FANUC Intelligent Edge Link and Drive(FIELD) System,FIELD System 能实现自动化系统中的机床、机器人、周边设备及传感器的连接并可提供先进的数据分析。

亚马逊等云服务提供商也开始探索工业云服务。亚马逊公司旗下的 Amazon Web Services(AWS)发布了全新平台 AWS IoT,旨在让制造业客户的硬件设备能够方便地连接 AWS 服务。

5.7　知识自动化

知识型工作是对知识的利用和创造,是具备知识才能完成的工作,或者是有知识的人或系统完成的工作,是生产有用信息和知识的创造性脑力劳动。从事知识型工作的人是知识型工作者(如专业技术人员、咨询人员、科学家、管理者、分析师等)。知识型工作者依靠知识和信息创造价值,有能力运用自己的智能不断创造新的价值和新的知识。知识型工作在当代社会分工中占有压倒性的重要地位,其核心要求是完成复杂分析、精确判断和创新决策的任务。知识自动化主要是指知识型工作的自动化。知识型工作自动化是指通过机器对知识的传播、获取、分析、影响、产生等进行处理,最终由机器实现并承担长期以来被认为只有人能够完成的工作,即将现在认为只有人能完成的工作实现自动化。

5.7.1　知识自动化的发展

2009 年,美国 Palo Alto 研究中心讨论了关于知识型工作的未来,指出知识型工作自动化将成为工业自动化革命后的又一次革命。2013 年 5 月,著名的 McKinsey 全球研究院在其发布的《展望 2025:决定未来经济的 12 大颠覆技术》报告中将知识型工作自动化列为第 2 顺位的颠覆技术,并预估其 2025 年的经济影响力在 5.2 亿~6.7 亿美元。2015 年 11 月,McKinsey 全球研究院非正式地发布了知识自动化技术对职业、公司机构和未来工作的潜在影响的研究结果。McKinsey 全球研究院对将近 800 人的 2000 项技能工作进行了可自动化性评定,发现将近 45% 的工作能够通过当前已有的科学技术实现自动化,超过 20% 的 CEO 工作也是可以实现知识自动化的。通过对知识自动化在一些产业中转变业务流程的潜力进行分析,研究人员发现收益通常是成本的 3~10 倍。

2016 年 1 月,谷歌机器学习小组 Deepmind 在 Nature 发文,宣布其人工智能程序 AlphaGo 以 5∶0 击败欧洲围棋冠军,2016 年 3 月 AlphaGo 又以 4∶1 战胜世界围棋冠军,被认为是人工智能发展的新的里程碑。

综上所述,可以得出:① 知识自动化在技术愿景上是可能的;② 人们有对知识自动化的潜在渴望;③ 知识自动化本身具有颠覆性的科学和经济意义。在现代企业生产过程中,通过生产分工和自动化技术,体力型工作已经基本上被机器所替代。得益于计算机技术、机器学习、自然的用户接口和自动化技术的发展,很多知识型工作将来也可以通过自动化技术由机器来完成,从而实现知识自动化。

5.7.2　知识自动化过程中的知识处理方法和推理方法

在现代工业生产中,自动化技术和系统已经发展到一定水平,但是在复杂分析、精确判断和创新决策等方面还是要依赖人的知识型工作。目前人的知识型工作和自动控制系统只能依靠人机接口交互,是一种非自动化的运行机制。知识自动化系统是用机器实现人的知识型工作的控制系统,是工业生产中采用机器实现基于知识自动处理的建模、控制、优化及调度决策的自动化系统理论、方法和技术。知识自动化的基础是采用有效方法对知识进行合理提取及处理。目前对知识的处理方法的研究集中在知识获取、表示、重组和关联推理上,但是离实现工业生产过程所需要的知识型工作自动化还有一定差距。

1. 知识获取

知识获取是指从专家或其他专门知识来源汲取知识并向知识型系统转移的过程或技术。

2. 知识表示

知识表示就是对知识的一种描述,或者说是对知识的一组约定,是一种计算机可以接受的用于描述知识的数据结构。常用的知识表示方法有一阶谓词逻辑表示法、产生式表示法、框架表示法、面向对象表示法、Petri 网表示法、语义网表示法等。

3. 知识重组

知识重组是指对相关知识客体中的知识因子和知识关联进行结构上的重新组合,形成另一种形式的知识产品。知识重组包括知识因子的重组和知识关联的重组。知识因子的重组指将知识客体中的知识因子抽出,并对其进行形式上的归纳、选择、整理或排列,从而形成知识客体的检索指南系统的过程。知识关联的重组是指在相关知识领域中提取大量知识因子,并对其进行分析与综合,形成新的知识关联,从而生产出更高层次的综合知识产品的过程。知识重组包括知识增殖、知识分裂、知识变异、知识融合、知识约简以及知识衍生等方面。目前,对知识重组的研究还处在理论阶段,有关知识重组的应用研究相对还比较少。工业生产过程的控制决策问题复杂多变,受到多种不确定性因素(如市场、物流和矿源等)的影响,根据单一属性的知识很难让工业中的智能系统做出最优决策,因此需要将多种属性的知识进行重组,创造出有利于精准决策的新知识。这也是知识自动化系统实现的重要技术手段。

4. 知识关联和推理

知识之间存在很多有用的关联,在知识网络化模型中,知识就是由众多的节点(即知识因子)和节点之间的联系(即知识关联)组成的。通过研究知识之间的关联规则,可进行知识的管理与产生新的知识。将知识关联网络应用到系统设计中,知识库开发者可以避开冗长的描述、错误以及矛盾,降低计算的复杂度。

知识推理有多种方法,可以按不同的方式分成几类。根据知识表示特点,知识推理可分为图搜索推理以及逻辑论证推理。图搜索推理指从图中初始状态的节点到目标状态的终止节点的搜索过程,而逻辑论证推理指基于知识表示采用谓词逻辑或者其他逻辑形式进行推理的过程。根据是否采用启发性知识,知识推理分为启发式推理和非启发式推理。根据所用知识因果关系的确定程度,知识推理分为精确推理和非精确推理。

实际系统通常结合其他技术对问题进行推理求解,主要有以下几种方法。

1) 基于 Bayes 网络的知识推理

该类方法主要将因果关系知识或关联性用 Bayes 网络表示出来,并结合 Bayes 统计方法进行推理,得到目标解。例如在铝电解中,电解槽中的各个特征变量之间存在强耦合的关系以及因果关系,可以用 Bayes 网络将这些变量表示出来,作为一种知识的表示形式。

2) 基于本体的知识推理

国内外研究学者对基于本体的知识推理的研究也较多。Ebrahimipour 等构建的本体模型将基于本体的知识表示方法应用到气动阀的支持维护案例中,克服了非均质性和不一致性的维护记录带来的问题,通过相应的推理方法取得了良好的效果。Samwald 等提出了一种 Web 本体语言框架和推理方法来实现对药物基因组知识的表示、组织和推理,从而实现对相关数据的高效利用。Roda 等将基于本体框架的知识表示方法用于传感数据的智能分析,通过具体的案例分析,表明结合几个知识表示方案可以推断过程变量和表示状态。

3) 基于案例的知识推理

在基于案例的知识推理系统中,所谓案例就是求解问题的状态及对其求解的策略。一般地,一个案例包含问题的初始状态、问题求解的目标状态以及求解的方案。这种推理方法模拟人类推理活动中回忆的认知能力,在问题求解时,可以使用以前求解类似问题的经验(即案例)来进行推理,并为修改或修正以前问题的解法而不断学习。案例推理原理如图5-18所示。案例表示、案例检索和案例调整是案例推理研究的核心问题。

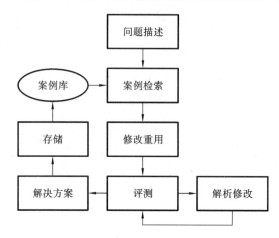

图 5-18 案例推理的原理示意图

4)基于模糊逻辑的知识推理

模糊逻辑推理技术能较好地描述与仿效人的思维方式,总结和反映人的体会与经验,对复杂事物和系统可进行模糊度量、模糊识别、模糊推理、模糊控制与模糊决策。

5)基于粗糙集的知识推理

粗糙集理论是一种处理模糊性和不精确性知识的数学工具。经过十几年的研究和发展,粗糙集理论已经在信息系统分析、人工智能、决策支持系统、知识与数据发现、模式识别与分类、故障检测等方面取得了较为成功的应用。

5.7.3 工业生产过程的知识自动化

我国是工业生产大国,但还不完全是工业生产强国,目前我国工业生产面临转型升级的巨大压力,在资源、能源、环境方面受到严重制约,如何依托智能化手段从工业大国发展成为智造强国是我们面临的重大课题。

1.知识型工作在工业生产中的作用

知识型工作在工业生产中起核心作用,如工业生产中的决策、计划、调度、管理和操作都是知识型工作,完成这些工作需要统筹考虑各种生产经营和运行操作要素,关联多领域、多层次知识。在流程工业的运行优化层,由于难以建立精确数学模型,操作参数选择设定以及流程优化控制都依赖工程师凭经验给定控制指令。工程师的知识型工作包括分析过程机理、判断工况状态、综合计算能效、完成操作决策等。在计划调度层,需要统筹考虑人、机、物、能源等各种生产要素及其时间空间分布和关联等,调度人员通过人工调度流程协调各层级部门之间的生产计划,完成能源资源配置、生产进度管理、仓储物流管理、工作排班、设备管理等知识型工作。在管理决策层,决策过程受企业内部的生产状况、外部市场环境以及相关法规政策标准等影响,管理决策者根据一系列经营管理知识进行决策。现代工业中机器已经基本取代体力劳动,工业生产管理、运行和控制的核心是知识型工作,离不开高水平知识型工作者的分析、判断和决策,目前在各个层面都要依靠知识型工作者来完成工业的生产。

以图 5-19 所示的生产调度决策过程为例,可以看出工业调度过程复杂,涉及的知识非常多,包括能源管理、资源配置、工艺指标、运行安全、设备状况、产品性能质量等方方面面。首先由企业级计划部门制订生产计划,主要是根据产品规格、工艺技术、资源分配、政策法规、设备管理等经营管理知识以及生产执行的反馈信息来进行。生产计划下达到设备、能源、采购等各个部门,生产总调度根据各部门信息进行综合决策,提出生产调度方案,下达到各个生产职能部门,经反复协调和完善后交付生产部门执行。生产调度实质上是把产品产量、质量、能耗等生产目标与各部门相关知识进行关联、融合、重组、求解的过程,是一个知识深度融合和交互的过程。

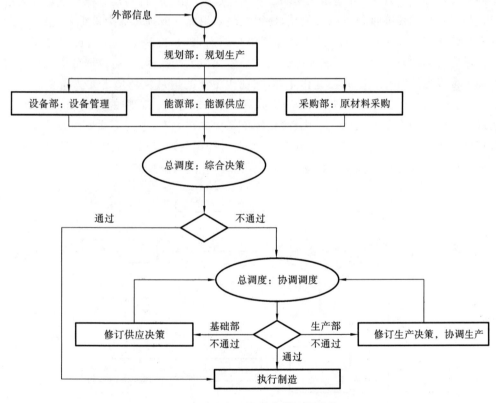

图 5-19　生产调度的决策工作流程

先进企业中往往拥有一批高水平知识型工作者,他们充分利用现有信息化系统,使企业的部分经济技术指标领先或达到国际先进水平。

2. 工业生产中的知识型工作面临新挑战

工业企业现在需要面对市场需求、资源供应、环保等诸多因素的综合挑战,工况变化更加复杂,加上现代工业具有生产规模增加和产能集中的显著发展趋势,对复杂分析、精确判断、创新决策等知识型工作的要求也越来越严苛。同时,目前已经进入工业化和信息化深度融合的时代,随着云平台、移动计算、物联网、大数据的出现,工业环境中数据种类和规模迅速增加,以往依赖于经验和少量关键指标进行决策分析的知识型工作者面对海量信息已经感到力不从心。而且,过去的人工决策方式严重依赖个别高水平知识型工作者,操作决策具有主观性和不一致性,对变化的反应不够敏捷,经验知识的学习、积累和传承也比较困难。因此工业生产过程中的知识型工作正面临新的挑战,只依赖知识型工作者是无法实现工业跨越式发展的。摆脱对知识型工作者的传统依赖,构建具有智能的知识自动化系统是实现工业生产高效化、绿色化发展的核心。

3. 工业生产过程知识自动化的若干问题

工业生产过程知识自动化系统是将人工智能技术、计算机技术、自动化系统技术融合来实现知识表示、获取、关联、处理和应用,应用于工业生产实体,实现工业环境下自动感知、处理、计算、决策的智能系统。工业生产中的知识主要是指数据知识、机理知识和经验知识,具有不同的表现形式。其中,机理知识反映工业生产过程的本质,特别是流程工业过程生产连续、机理复杂、物质转换过程难以数值化,使得机理知识成为流程工业中最重要、最核心的知识。而经验知识是经过长期操作从机理知识中总结而来的,反映了操作与过程之间的内在关联。最终,经验知识和机理知识操作后的结果体现在生产数据上,对数据分析处理得到的数据知识可以形成对知识库的补充和完善,在现代工业的信息化环境下尤为重要。一类知识驱动的流程自主控制系统框架如图 5-20 所示,其中来自人、机、物的数据知识、经验知识和机理知识通过知识获取、表示、生成、演化等单元构成知识库,根据不同生产条件和工况状态选择合适的知识,经解释后形成控制策略,并通过控制器形成相应的指令。这其中蕴含着知识驱动机制与现有控制系统有机融合的新理论、新方法与新系统。

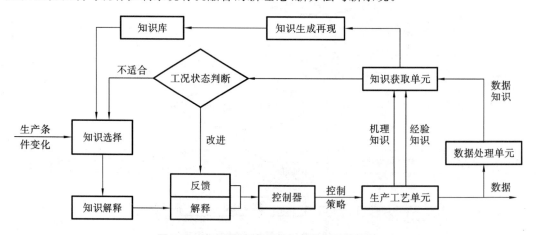

图 5-20 知识驱动的流程自主控制系统框架

1)工业环境下多类型知识的灵敏感知、高效获取和深度分析

知识的表现形式不同,有的隐含在信号、曲线中,有的呈现为规则、语义网络,有的用公式、方程式等直接描述。工业生产过程知识自动化需要突破由工业过程的数据和知识多样性、多维度和多时空尺度带来的一系列难题,比如如何统一表示知识的表达模式和涵盖范围,如何将不同工艺机理、设备性能、生产工况与管理决策的知识提取和表示出来,如何将多时空分布的知识纳入统一的知识库模型中,如何通过一定的知识表示方法将隐性知识显性

化。特别是在大数据环境下,工业生产中已经能够得到海量的数据,但这些数据价值稀疏,传统人工方法活化其价值的能力十分有限,需要研究多类型工业知识的灵敏感知、高效获取和深度分析方法。因此,如何在工业制造过程的知识灵敏感知、领域知识自动挖掘、关联知识提取、结构化知识表示方面取得突破性进展,推动形成工业生产过程知识自动化的知识源基础,是实现知识与生产过程、自动化系统融合的重要问题。

其研究内容主要包括基于关联知识的数据特征分析和知识感知触发机制,工业多源、多维度、多时空尺度知识的统一表示,非结构化知识的一致性描述方法,工业大数据环境下的知识高效提取,生产机理、操作和管理的领域知识自动提取与代码化,工业过程知识本体和大规模知识库的构建等。

2) 工业生产中分层跨域知识的关联、推理与演化

在知识处理层面,工业生产过程知识自动化需要完成对知识的推理、关联、演化和重组等工作,才能通过自动化系统获得知识运用的有益效果。工业生产过程具有自上而下的纵向层级,如管理决策层、计划调度层和运行优化层,也包括前后衔接或复杂连接的不同生产工序,其内在的生产知识也同样具有分层跨域的对应关系。工业生产过程知识处理的关键问题是不仅要建立对同一对象不同知识的关联结构,还要建立分层跨域的相关性知识的关联结构。以铝电解生产为例,经营决策层基于知识和内外部信息制定了以产量为导向或者以能耗为导向的生产策略,计划调度层就据此确定配置不同的资源和能源计划,运行操作层就给定不同的电解槽槽电压等操作参数。因此,知识关联是联系知识单元、组织知识元素、构建知识网络、管理知识系统、发现和创造新知识所不可缺少的基本要素。知识推理和演化是指模拟人类的思维过程,根据当前的知识识别、选取和匹配知识库中的规则,得到问题结果的一种机制。知识重组是在对源信息所含知识内容进行解析的基础上,将源信息或解构所得信息进行重新组合,从而得到新的信息内容,实现信息增值的过程。

其研究内容主要包括工业生产过程分层跨域知识的关联、调和及重组,知识的深度学习及新知识发现,知识关联、演化与实时协同的理论方法,人机协同的动态知识增量式关联和挖掘,基于知识的主动响应、精细化控制和优化运行的理论与技术,知识与数据联合推理决策以及依赖知识约简的大规模优化决策等。

3) 面向工业生产应用的知识自动化服务系统与支撑技术

工业生产过程知识自动化系统应当确保异构知识资源之间集成互操作,能够建立面向工业应用的高度智能化知识服务体系。因此,知识自动化服务系统与关键技术,应具备人机物交互环境,能够自动感知、关联、处理和计算来自数据环境、生产过程和知识型工作者的知识,具有支撑协同分析、综合判断、自主执行和全局优化运行的能力,并能结合工艺知识以及在线信息建立跨层级的虚拟工业生产场景,形成支撑控制、调度和决策的知识自动化云服务框架,将工业信息转换为知识自动化虚拟服务,包括建立各种相关大数据模型、知识库、计算实例库、决策仿真平台,构建知识自组织和自更新子系统,研究在云平台上通过开发知识自动化服务性技术构件提供虚拟服务支持。

其研究内容主要包括知识自动化的高效计算方法和算例库,知识自动化决策调度控制一体化运行系统软件,基于知识的虚拟工艺场景设计,虚拟生产优化与虚拟运行优化,支撑知识自动化智能算法的嵌入式组件,知识自动化软件的实时协同运行引擎与自主化服务机

制,知识自动化云服务平台体系架构与核心组件设计,工业生产过程知识自动化软件工具、平台及其构件化等。

4)工业生产过程知识自动化应注意的问题

在推动工业生产过程知识自动化这一领域的相关研究工作中,应当重视以下几方面。

首先是通过把握工业生产的应用需求来驱动知识自动化的理论和关键技术研究。知识自动化应当紧密围绕如何更多更好地替代完成生产过程中人的知识型工作来开展研究,瞄准最终实现智能制造和绿色高效生产的目标,攻克科学技术难题。开发的知识自动化系统应该适用于一定的工业应用场景。

其次是以问题来引导知识自动化的研究。知识自动化是新的前沿领域,既包含基础性问题研究,也涉及关键技术问题,以一系列挑战性问题引导多领域专家和团队开展知识自动化的研究才能获得有价值的成果。

最后,知识自动化必然要依靠多学科领域交叉融合才能发展起来,如人工智能、知识工程、控制理论、计算机软件、工业网络、智能感知、自动化系统等诸多理论和技术成果都可以找到用武之地。工业自动化经历了机械自动化、电气/仪表自动化、信息化几个阶段,知识在工业生产中的地位日益凸显,知识自动化是工业自动化发展的新阶段,是知识经济时代特征和智能化趋势在工业自动化领域的映射,是复杂生产过程中工业化、信息化深度融合的必然结果,有望成为控制科学及相关领域学术交叉融合发展的新热点,为各行业带来革命性变化。

5.8 数字孪生技术及产品数字孪生体

5.8.1 数字孪生及数字孪生体的概念

美国国防部最早提出将数字孪生(digital twin)技术用于航空航天飞行器的健康维护与保障。首先在数字空间建立真实飞行器的模型,并通过传感器实现与飞行器真实状态完全同步,这样每次飞行后,根据现有情况和过往载荷,及时分析评估飞行器是否需要维修,能否承受下次的任务载荷等,如图5-21所示。

数字孪生概念是在现有的虚拟制造、数字样机(包括几何样机、功能样机、性能样机)等基础上发展而来的。

数字孪生指充分利用物理模型、传感器、运行历史等数据,集成多学科、多物理量、多尺度、多概率的仿真过程,在虚拟空间中完成映射,从而反映相对应的实体装备的全生命周期过程。数字孪生以数字化方式为物理对象创建虚拟模型,模拟其在现实环境中的行为。通过搭建整合制造流程的数字孪生生产系统,能实现从产品设计、生产计划到制造执行的全过程数字化,将产品创新、制造效率和有效性水平提升至一个新的高度。

数字孪生体是指与现实世界中的物理实体完全对应和一致的虚拟模型,可实时模拟物理实体在现实环境中的行为和性能,也称为数字孪生模型。

数字孪生是技术、过程和方法,数字孪生体是对象、模型和数据。

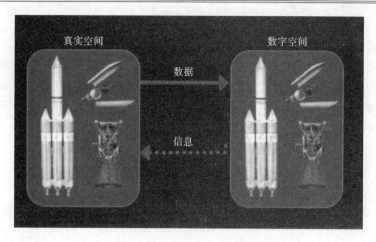

图 5-21 数据流动与信息镜像

5.8.2 数字纽带

数字纽带(digital thread)(也被译为数字主线、数字线程、数字线、数字链等)是一种可扩展、可配置的企业级分析框架。它在整个系统的生命周期中,通过提供访问、整合以及将不同分散数据转换为可操作信息的能力来通知决策制定者。数字纽带可无缝衔接,加速企业数据-信息-知识系统中的权威发布数据、信息和知识之间的可控制相互作用,并允许在能力规划和分析、初步设计、详细设计、制造、测试以及维护采集阶段动态实时评估产品在当前和未来提供决策的能力。数字纽带也是一个允许连接数据流的通信框架,并提供包含生命周期各阶段孤立功能视图的集成视图。数字纽带为在正确的时间将正确的信息传递到正确的地方提供了条件,使得产品生命周期各环节能够及时进行关键数据的双向同步和沟通,如图 5-22 所示。

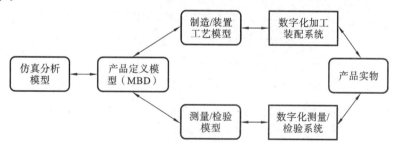

图 5-22 数据经由数字纽带流动

5.8.3 产品数字孪生体

产品数字孪生体是指产品物理实体的工作状态和工作进展在信息(虚拟)空间的全要素重建及数字化映射,是一个集成的多物理、多尺度、超写实、动态概率仿真模型,可用来模拟、监控、诊断、预测、控制产品物理实体在现实环境中的形成过程、状态和行为。产品数字孪生体基于产品设计阶段生成的产品模型,并在随后的产品制造和产品服务阶段,通过与产品物理实体之间的数据和信息交互,不断提高自身完整性和精确度,最终完成对产品物理实体的完整和精确描述。

通过产品数字孪生体的定义可以看出：

（1）产品数字孪生体是产品物理实体在信息空间中集成的仿真模型，是产品物理实体的全生命周期数字化档案，并可实现产品全生命周期数据和全价值链数据的统一集成管理；

（2）产品数字孪生体是通过与产品物理实体之间不断进行数据和信息交互而完善的；

（3）产品数字孪生体的最终表现形式是产品物理实体的完整和精确数字化描述；

（4）产品数字孪生体可用来模拟、监控、诊断、预测和控制产品物理实体在现实物理环境中的形成过程、状态和行为。

产品数字孪生体的内涵体系框架如图 5-23 所示。

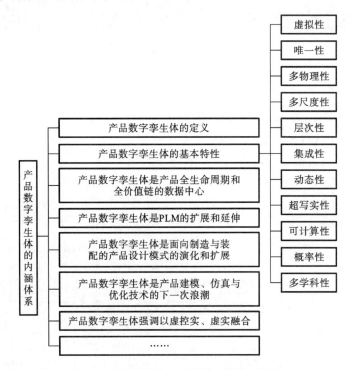

图 5-23　产品数字孪生体的内涵体系框架

1. 产品数字孪生体的基本特性

产品数字孪生体具有多种特性，主要包括虚拟性、唯一性、多物理性、多尺度性、层次性、集成性、动态性、超写实性、可计算性、概率性和多学科性等。

1）虚拟性

产品数字孪生体是产品物理实体在信息空间的数字化映射模型，是一个虚拟模型，属于信息空间，不属于物理空间。

2）唯一性

一个产品物理实体对应一个产品数字孪生体。

3）多物理性

产品数字孪生体是基于物理特性的实体产品的数字化映射模型，不仅需要描述实体的几何特性(如形状、尺寸、公差等),还需要描述产品物理实体的多种物理特性,包括结构动力学模型、热力学模型、应力分析模型、疲劳损伤模型,以及产品物理实体材料的刚度、强度、硬度、疲劳强度等材料特性。

4)多尺度性

产品数字孪生体不仅描述产品物理实体的宏观特性,如几何尺寸,也描述产品物理实体的微观特性,如材料的微观结构、表面粗糙度等。

5)层次性

组成最终产品的不同零件、部件、组件等,都可以具有其对应的数字孪生体,例如:飞行器数字孪生体包括机架数字孪生体、飞行控制系统数字孪生体、推进控制系统数字孪生体等。这有利于产品物理实体数据和模型的层次化和精细化管理,以及产品数字孪生体的逐步实现。

6)集成性

产品数字孪生体是多种物理结构模型、几何模型、材料模型等多尺度、多层次集成的模型,有利于从整体上对产品物理实体的结构特性和力学特性进行快速仿真与分析。

7)动态性(或过程性)

产品数字孪生体在全生命周期各阶段会通过与产品物理实体的不断交互而不断改变和完善,例如:在产品制造阶段采集的产品制造数据(如检测数据、进度数据)会反映在信息空间的产品数字孪生体中,同时基于产品数字孪生体能够实现对产品物理实体制造状态和过程的实时、动态和可视化监控。

8)超写实性

产品数字孪生体与产品物理实体在外观、内容、性质上基本完全一致,拟实度高,能够准确反映产品物理实体的真实状态。

9)可计算性

基于产品数字孪生体,可以通过仿真、计算和分析来实时模拟和反映对应产品物理实体的状态和行为。

10)概率性

产品数字孪生体允许采用概率统计的方式进行计算和仿真。

11)多学科性

产品数字孪生体涉及计算机科学、信息科学、机械工程、电子科学、物理学等多个学科的交叉和融合,具有多学科性。

2. 产品数字孪生体的实现方式

(1)产品设计阶段构建一个全三维标注的产品模型,包括三维设计模型、产品制造信息(PMI)、关联属性等。PMI 包括产品物理实体的几何尺寸、公差,以及 3D 注释、表面粗糙度、表面处理方法、焊接符号、技术要求、工艺注释和材料明细表等;关联属性包括零件号、坐标系统、材料、版本、日期等。

(2)工艺设计阶段在三维设计模型、PMI、关联属性的基础上,实现基于三维产品模型的工艺设计,具体实现步骤包括三维设计模型转换、三维工艺过程建模、结构化工艺设计、基于三维模型的工装设计、三维工艺仿真验证以及标准库的建立,最终形成基于数模的工艺规程(MBI),具体包括工艺物料清单(BOM)、三维工艺仿真动画、关联属性的工艺文字信息和文档。

(3)产品生产制造阶段主要实现产品档案(product memory)或产品数据包(product data package)即制造信息的采集和全要素重建,包括制造BOM、质量数据、技术状态数据、物流数据、产品检测数据、生产进度数据、逆向过程数据等的采集和重建。

(4)产品服务阶段主要实现产品的使用和维护。

(5)产品报废/回收阶段主要记录产品的报废/回收数据,包括产品报废/回收原因、产品报废/回收时间、产品实际寿命等。当产品报废/回收后,该产品数字孪生体所包含的所有模型和数据都将作为同种类型产品组历史数据的一部分进行归档,为下一代产品的设计改进和创新、同类型产品的质量分析及预测、基于物理的产品仿真模型和分析模型的优化等提供数据支持。

综上所述,产品数字孪生体的实现方法有如下特点:面向产品全生命周期,采用单一数据源实现物理空间和信息空间的双向连接;产品档案要确保产品所有的物料都可以追溯,也要能够实现质量数据(例如实测尺寸、实测加工/装配误差、实测变形)、技术状态(例如技术指标实测值、工艺等)的追溯;在产品制造完成后的服务阶段,仍要实现与产品物理实体的互联互通,从而实现对产品物理实体的监控、追踪、行为预测及控制、健康预测与管理等,最终形成一个闭环的产品全生命周期数据管理。

3. 产品数字孪生体的作用

产品数字孪生体的主要作用之一就是模拟、监控、诊断、预测和控制产品物理实体在现实物理环境中的形成过程和行为。

(1)模拟。以航空航天领域为例,在空间飞行器执行任务以前,使用空间飞行器数字孪生体,在搭建的虚拟仿真环境中模拟空间飞行器的任务执行过程,尽可能掌握空间飞行器在实际服役环境中的状态、行为、任务成功概率、运行参数以及一些在设计阶段没有考虑或预料到的问题,并为后续的飞行任务制定、飞行任务参数确定以及面对异常情况时的决策制定提供依据。可以通过改变虚拟环境的参数设置来模拟空间飞行器在不同服役环境时的运行情况;通过改变飞行任务参数来模拟不同飞行任务参数对飞行任务成功率、空间飞行器健康和寿命等产生的影响;也可以模拟和验证不同的故障、降级和损坏减轻策略对维护空间飞行器健康和增加服役寿命的有效性等。

(2)监控和诊断。在产品制造/服务过程中,制造/服务数据(如最新的产品制造/使用状态数据、制造/使用环境数据)会实时地反映在产品数字孪生体中。通过产品数字孪生体可以实现对产品物理实体制造/服务过程的动态、实时、可视化监控,并基于所得的实测监控数据和历史数据实现对产品物理实体的故障诊断、故障定位等。

(3)预测。通过构建的产品数字孪生体,可以在信息空间中对产品的制造过程、功能和性能测试过程进行集成模拟、仿真和验证,预测潜在的产品设计缺陷、功能缺陷和性能缺陷。针对这些缺陷,产品数字孪生体支持对应参数的修改,在此基础上对产品的制造过程、功能和性能测试过程再次进行仿真,直至问题得到解决。借助于产品数字孪生体,企业相关人员能够通过对产品设计的不断修改、完善和验证来避免和预防产品在制造/使用过程中可能遇到的问题。在产品制造阶段,将最新的检验和测量数据、进度数据、关键技术状态参数实测值等关联映射至产品数字孪生体,并基于已有的基于物理属性的产品设计模型、关键技术状态参数理论值以及预测与分析模型(如精度预测与分析模型、进度预测与分析模型),实时预测和分析产品物理实体的制造/装配进度、精度和可靠性。在产品服务阶段,以空间飞行器为例,将最新的实测负载、实测温度、实测应力、结构损伤程度以及外部环境参数等数据关联映射至产品数字孪生体,并基于已有的产品档案数据、基于物理属性的产品仿真和分析模型,实时、准确地预测空间飞行器的健康状况、剩余寿命、故障信息等。

（4）控制。在产品制造/服务过程中,产品数字孪生体通过分析实时制造过程数据,实现对产品物理实体质量和生产进度的控制,通过分析实时服务数据实现对产品物理实体自身状态和行为的控制,包括外部使用环境的变更、产品运行参数的改变等。

4. 产品数字孪生体的目标

（1）虚实深度融合和以虚控实。产品数字孪生体的内涵、体系结构及其发展趋势的核心之一就是在虚拟空间为物理空间的每个产品物理实体建立一个数字复制品,并采用建模和仿真分析等手段,模拟和反映对应产品物理实体的状态和行为,并预测和控制对应产品物理实体未来的状态和行为,即以虚控实。由于产品物理实体的状态、组成、行为、材料特性等都是动态变化的,因此为确保产品数字孪生体与产品物理实体在任意时刻的一致性,物理空间与虚拟空间必须深度融合,即彼此之间的数据和信息交互是双向通畅且实时的。一方面,产品物理实体行为和状态的改变能动态实时地在产品数字孪生体上展示出来;另一方面,产品数字孪生体能基于物理空间传递来的环境感知数据、产品状态数据以及产品历史数据、经验与知识数据等进行智能分析与决策,并实时控制产品物理实体的状态和行为。

（2）闭环的产品全生命周期数字化管理。采用数字化手段实现闭环的产品全生命周期管理是实现智能制造的重要环节之一。产品数字孪生体是产品全生命周期的数据中心和单一数据源,其目标之一是实现闭环的产品全生命周期管理,使得产品制造过程和产品使用过程可控、可视和可预测;允许将产品生产制造和运营维护的需求融入早期的产品设计过程中,形成设计改进的智能闭环。

（3）全价值链协同。工业 4.0 实施过程中的一个重要组成部分是价值链上下游企业间的数据集成以及价值链端到端的集成,本质是全价值链的协同。产品数字孪生体作为全价值链的数据中心,其目标是实现全价值链的协同。产品数字孪生体不仅要实现上下游企业间的数据集成和数据共享,也要实现上下游企业间的产品协同开发、协同制造和协同运维等。

总之,数字孪生技术不仅利用人类已有的理论和知识建立虚拟模型,而且利用虚拟模型的仿真技术探讨和预测未知世界,寻找和发现更好的方法和途径,不断激发人类的创新思维,不断追求优化进步,因此数字孪生技术给当前制造业的创新和发展提供了新的理念和工具。同时,数字孪生体的出现和发展为实现物理信息系统提供了清晰的新思路、方法和实施途径,将对产品制造过程的智能化和产品本身的智能化产生巨大的推动作用。产品数字孪生体的建立,使得产品物理实体的加工/装配状态和运行状态能够实时、精确地反映在虚拟空间中,同时基于数字孪生体形成的优化决策信息,通过数字纽带技术传递到产品生产现场,实现了信息的双向流动,使得利用信息的反馈机制对产品制造进行精确控制成为可能。

未来的产品开发能否实现更个性、更快速、更灵活、更智能的目标,关键在于真实世界和虚拟世界的融合度。产品数字孪生体通过集成设计、仿真、生产制造及使用,能够实现产品业务流程的全程可视化,规划细节,规避问题,闭合环路,优化整个系统。产品数字孪生体使得企业人员可以适应全新的工作方式,获得更高的灵活性,从而完成艰巨的任务。最终,虚拟产品不但在形状、特征(尺寸、公差等)上与实体产品完全相同,而且在内容(产品组成和物理特性)和性质(功能特性)上也与实体产品完全相同。产品数字孪生体的实现,为虚拟空间和实体空间深度融合、平行发展和平行控制提供了实施途径。目前产品数字孪生体的构建和应用还处于初级阶段,仍然有许多问题需要进一步研究。

5.9 数据融合技术

数据融合一词最早出现于 20 世纪 70 年代,并于 20 世纪 80 年代发展成一项专门技术。它是模仿人类自身信息处理能力的结果,类似人类和其他动物对复杂问题的综合处理。数据融合技术最早用于军事领域,1973 年美国研究机构在国防部的资助下,开展了声呐信号解释系统的研究。近 50 年来数据融合技术有了巨大的发展,同时伴随着电子技术、信号检测与处理技术、计算机技术、网络通信技术以及控制技术的飞速发展,数据融合已被应用在多个领域,在现代科学技术中的地位也日渐突出。目前,工业控制、机器人、空中交通管制、海洋监视和管理等领域也向着多传感器数据融合方向发展,加之物联网的提出和发展,数据融合技术将成为数据处理等相关技术开发所关心的重要问题之一。

数据融合概念是针对多传感器系统而提出的。在多传感器系统中,由于信息表现形式的多样性,数据量的巨大性,数据关系的复杂性,以及要求数据处理的实时性、准确性和可靠性,都已大大超出了人脑的信息综合处理能力,因此多传感器数据融合技术应运而生。

5.9.1 数据融合的概念

多传感器数据融合(multi-sensor data fusion ,MSDF),简称数据融合,也称多传感器信息融合(multi-sensor information fusion ,MSIF),是利用计算机技术对时序获得的若干感知数据,在一定准则下加以分析、综合,以完成所需决策和评估任务而进行的数据处理过程,包含以下 3 层含义:

① 数据的全空间,即包括确定的和模糊的、全空间的和子空间的、同步的和异步的、数字的和非数字的数据。它是复杂的,多维多源的,覆盖全频段。

② 数据的融合不同于组合,组合指的是外部特性,融合指的是内部特性。它是系统动态过程中的一种数据综合加工处理方法。

③ 数据的互补过程,即数据表达方式的互补、结构上的互补、功能上的互补、不同层次的互补,是数据融合的核心。只有互补数据的融合才可以使系统发生质的飞跃。

数据融合的实质是针对多维数据进行关联或综合分析,进而选取适当的融合模式和处理算法,用以提高数据的质量,为知识提取奠定基础。

5.9.2 数据融合研究的主要内容

数据融合是针对一个网络感知系统使用多个或多类感知节点(如多传感器)展开的一种数据处理方法。图 5-24 所示的是数据融合的一般模型。数据融合的主要内容包括:数据配准;数据关联;数据识别,即估计目标的类别和类型,感知数据的不确定性,识别不完整、不一致和虚假数据;建立数据库;性能评估。

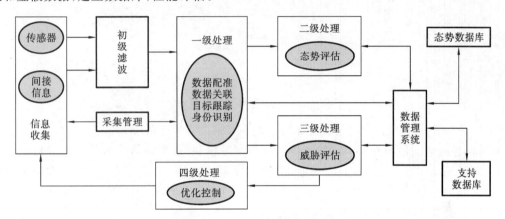

图 5-24 数据融合的一般模型

1. 物联网数据融合

物联网(IoT)数据融合是指利用射频识别(RFID)装置、各种传感器、全球定位系统(GPS)、激光扫描器等各种不同装置、嵌入式软硬件系统,以及现代网络及无线通信、分布式数据处理等诸多技术,实时监测、感知、采集网络分布区域内的各种环境或监测对象的信息,实现包括物与物、人与物之间的互相连接,并且与互联网结合起来而形成一个巨大的信息网络系统。

物联网数据融合需要解决的关键问题如下:

(1)数据融合节点的选择。融合节点的选择与网络层路由协议有密切关系,需要依靠路由协议建立的路由回路数据,并且使用路由结构中的某些节点作为数据融合的节点。

(2)数据融合时机。

(3)数据融合算法。

2. 数据融合的基本原理及层次结构

通过对多感知节点信息的协调优化,数据融合技术可以有效地减少整个网络中不必要的通信开销,提高数据的准确度和收集效率。因此,传送已融合的数据要比传送未经处理的数据节省能量,可延长网络的生存周期。但对物联网而言,数据融合技术将面临更多挑战,例如,感知节点能源有限、多数据流的同步问题、数据的时间敏感特性问题、网络带宽的限制、无线通信的不可靠性和网络的动态特性等。

1)数据融合的基本原理

数据融合中心对来自多个传感器的信息进行融合,如图 5-25 所示,也可以将来自多个传感器的信息和人机界面的观测事实进行信息融合(这种融合通常是决策级融合),提取征

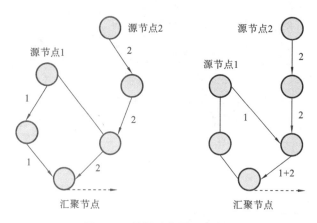

图 5-25　数据融合原理示意图

兆信息,在推理机作用下将征兆与知识库中的知识匹配,做出故障诊断决策,提供给用户。在基于信息融合的故障诊断系统中可以加入自学习模块,故障决策经自学习模块反馈给知识库,并对相应的置信度因子进行修改,更新知识库。同时,自学习模块能根据知识库中的知识和用户对系统提问的动态应答进行推理。以获得新知识,总结新经验,不断扩充知识库,实现专家系统的自学习功能。可以按照以下步骤实现融合:

(1)使用多个不同类型(有源或无源的)的传感器采集观测目标的数据;

(2)对传感器的输出数据(离散的或连续的时间函数数据、输出矢量、成像数据或直接的属性说明)进行特征提取,提取代表观测数据的特征矢量;

(3)对特征矢量进行模式识别处理(例如:汇聚算法、自适应神经网络或其他能将特征矢量变换成目标属性判决的统计模式识别法等);

(4)完成各传感器关于目标的说明;

(5)将各传感器关于目标的说明数据按同一目标进行分组,即关联;

(6)利用融合算法将每一目标各传感器数据进行合成,得到该目标的一致性解释与描述。

2)数据融合的节点部署和层次结构

在传感网数据融合结构中,比较重要的问题是如何部署感知节点。目前,传感网感知节点的部署方式一般有 3 种类型,最常用的是并行拓扑结构。在这种部署方式中,各种类型的感知节点同时工作。另一种是串行拓扑结构,在这种结构中,感知节点检测数据信息具有暂时性。实际上,合成孔径雷达(synthetic aperture radar,SAR)图像就属于此结构。还有一种是混合拓扑,即树状拓扑结构。

大部分数据融合是根据具体问题及其特定对象来建立自己的融合层次。例如,有些应用,将数据融合划分为检测层、位置层、属性层、态势评估和威胁评估;有的根据输入输出数据的特征提出了基于输入输出特征的融合层次化描述。数据融合层次的划分目前还没有统一标准。根据多传感器数据融合模型定义和传感网的自身特点,通常按照节点处理层次、融合前后的数据量变化、信息抽象的层次,来划分传感网数据融合的层次结构。

3)基于信息抽象层次的数据融合模型种类

数据层融合指直接在采集到的原始数据层上进行的融合,也称像素级融合,如图 5-26

所示,在各种传感器的原始数据未经预处理之前就进行数据的综合与分析。数据层融合一般采用集中式融合体系进行融合处理过程。这是低层次的融合,如成像传感器中通过对包含若干像素的模糊图像进行图像处理来确认目标属性的过程就属于数据层融合。

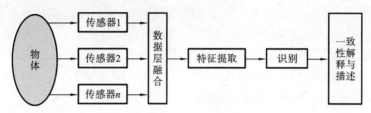

图 5-26　数据层融合

特征层融合属于中间层次的融合,它先对来自传感器的原始信息进行特征提取(特征可以是目标的边缘、方向、速度等),然后对特征信息进行综合分析和处理,如图 5-27 所示。特征层融合的优点在于实现了可观的信息压缩,有利于实时处理,并且由于所提取的特征直接与决策分析有关,因此融合结果能最大限度地给出决策分析所需要的特征信息。特征层融合一般采用分布式或集中式的融合体系。特征层融合可分为两大类:一类是目标状态融合;另一类是目标特性融合。

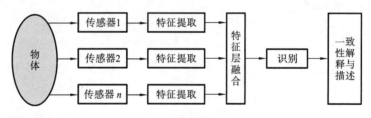

图 5-27　特征层融合

决策层融合通过不同类型的传感器观测同一个目标,如图 5-28 所示,每个传感器在本地完成基本的处理,其中包括预处理、特征提取、识别或判决,以建立对所观察目标的初步结论;然后通过关联处理进行决策层融合判决,最终获得联合推断结果。

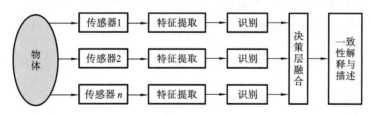

图 5-28　决策层融合

4) 数据融合技术与算法

数据融合技术涉及复杂的融合算法,实时图像数据库技术和高速、大吞吐量数据处理等支撑技术。数据融合算法是融合处理的基本内容,它是将多维输入数据在不同融合层次上运用不同的数学方法,对数据进行聚类处理的方法。就多传感器数据融合而言,虽然还未形成完整的理论体系和有效的融合算法,但有不少应用领域根据各自的具体应用背景,已经提出了许多成熟并且有效的融合算法。针对传感网的具体应用,也有许多具有实用价值的数据融合技术与算法。图 5-29 和图 5-30 所示为两种传感网数据传输模型。目前已有大量的多传感器数据融合算法,基本上可概括为两大类:一类是随机方法,包括加权平均法、卡尔曼滤波法、贝叶斯估计法、D-S 证据推理等;一类是人工智能方法,包括模糊逻辑、神经网络等。不同的方法适用于不同的应用场景。人工智能等新概念、新技术在数据融合中将发挥越来越重要的作用。目前,针对传感网中的数据融合问题,国内外在以数据为中心的路由协议以及融合函数、融合模型等方面已经取得了许多研究成果,主要集中在数据融合路由协议方面。按照通信网络拓扑结构的不同分类,比较典型的数据融合路由协议有基于数据融合树的路由协议、基于分簇的路由协议,以及基于节点链的路由协议。

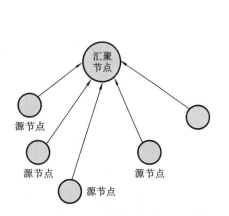

图 5-29　直接传输模型

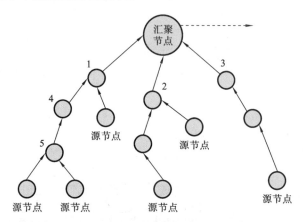

图 5-30　多跳传输模型

3. 物联网数据管理技术

在物联网中,分布式动态实时数据管理是其以数据中心为特征的重要技术之一。该技术部署或者指定一些节点作为代理节点,代理节点根据感知任务收集兴趣数据。感知任务通过分布式数据库的查询语言下达给目标区域的感知节点。在整个物联网体系中,传感网可作为分布式数据库独立存在,实现对客观物理世界的实时、动态的感知与管理。这样做的目的是,将物联网数据处理方法与网络的具体实现方法分离开来,使得用户和应用程序只需要查询数据的逻辑结构,而无须关心物联网具体如何获取信息的细节。

1)物联网数据管理系统的特点

数据管理主要包括对感知数据的获取、存储、查询、挖掘和操作,目的就是把物联网上数据的逻辑视图和网络的物理现实分离开来。

2)传感网数据管理系统结构

目前,针对传感网的数据管理系统结构主要有集中式、半分布式、分布式和层次式 4 种类型。

(1)集中式结构。

在集中式结构中,节点首先将感知数据按事先指定的方式传送到中心节点,统一由中心节点处理。这种方法简单,但中心节点会成为系统性能的瓶颈,而且容错性较差。

(2)半分布式结构。

利用节点自身具有的计算和存储能力,对原始数据进行一定的处理,然后再传送到中心节点。

（3）分布式结构。

每个节点独立处理数据查询命令。显然，分布式结构是建立在所有感知节点都具有较强的通信、存储与计算能力基础之上的。

（4）层次式结构。

层次式结构包含了传感器网络层和代理网络层两个层次，并集成了网内数据处理、自适应查询处理和基于内容的查询处理等多项技术。

3）典型的传感网数据管理系统

目前，针对传感网的大多数数据管理系统研究集中在半分布式结构的系统上。典型的研究成果有美国加州大学伯克利分校（UC Berkeley）的 Fjord 系统和康奈尔（Cornell）大学的 Cougar 系统。

（1）Fjord 系统。

Fjord 系统是 Telegraph 项目的一部分。它是一种自适应的数据流系统，主要由自适应处理引擎和传感器代理两部分构成。它基于流数据计算模型处理查询，并考虑了根据计算环境的变化动态调整查询执行计划的问题。

（2）Cougar 系统。

Cougar 系统的特点是尽可能使查询处理在传感网内部进行，只有与查询相关的数据才能从传感网中提取出来，以减少通信开销。Cougar 系统的感知节点不仅需要处理本地的数据，同时还要与邻近的节点进行通信，协作完成查询处理的某些任务。

4）数据模型及存储查询

目前关于物联网数据模型、存储、查询技术的研究成果很少，比较有代表性的是针对传感网数据管理的 Cougar 和 TinyDB 两个查询系统。

4. 数据融合技术的研究与发展

数据融合技术的研究与发展主要包括以下几个方面。

（1）确立数据融合理论标准和系统结构标准。

（2）改进融合算法，提高系统性能。

（3）数据融合时机确定。由于物联网中感知节点具有随机性部署的特点，且感知节点能量、计算能力及存储空间等有限，不可能维护动态变化的全局信息，因此需要汇聚节点选择恰当的时机，尽可能多地对数据进行汇聚融合。

（4）传感器资源管理优化。针对具体应用问题，建立数据融合中的数据库和知识库，研究高速并行推理机制，是数据融合及管理技术工程化及实际应用中的关键问题。

（5）建立系统设计的工程指导方针，研究数据融合及管理系统的工程实现。数据融合及管理系统是一个具有不确定性的复杂系统，如何提高现有理论、技术、设备的水平，保证融合系统及管理的精确性、实时性以及低成本也是未来研究的重点。

（6）建立测试平台，研究系统性能评估方法。如何建立评价机制，对数据融合及管理系统进行综合分析和评价，以衡量融合算法的性能，也是亟待解决的问题。

5. 数据融合技术的应用领域

随着系统的复杂性日益提高，依靠单个传感器对物理量进行监测显然限制颇多。因此在故障诊断系统中使用多传感器技术进行多种特征量(如振动、温度、压力、流量等)的监测,并对这些传感器的信息进行融合,以提高故障定位的准确性和可靠性。此外,人工的观测也是故障诊断的重要信息源。但是,这一信息来源往往由于难以量化或不够精确而被人们所忽略。信息融合技术的出现为解决这些问题提供了有力的工具,为故障诊断的发展和应用开辟了广阔的前景。通过信息融合将多个传感器检测的信息与人工观测事实进行科学、合理的综合处理,可以提高状态监测和故障诊断智能化水平。

复杂工业过程控制是数据融合应用的一个重要领域。首先通过时间序列分析、频率分析、小波分析,从传感器的信息中提取出特征数据,然后将所提取的特征数据输入神经网络模式识别器,进行特征层数据融合,以识别出系统的特征数据,并输入到模糊专家系统进行决策层融合。专家系统推理时,从知识库和数据库中取出领域规则和参数,与特征数据进行匹配(融合)。最后,决策判断被测系统的运行状态、设备工作状况和故障状况。

课后思考题

1. 人工智能是否会导致大多数人失业,请简要阐述。

2. 人工智能发展到今天,我们能够切身感受到的人工智能应用有哪些,具体在哪些领域?

3. 工业大数据的分析技术核心是为了解决什么问题?

4. 工业大数据与互联网大数据有何异同点。

5. 简要说明什么是移动互联网及其具体优势。

6. 移动互联网应用在哪些领域? 简要叙述。

7. 请简述云计算按服务类型大致分为几类? 分别是什么?

8. 请简述云计算的特点?

9. 请简述云计算的管理中间件层包括哪些?

10. 请简述在云计算体系结构中,哪几个部分是最核心的?

参 考 文 献

[1] 韦康博.国家大战略:从德国工业 4.0 到中国制造 2025 [M].北京:现代出版社,2016.

[2] 王延臣.智慧工厂:中国制造大趋势[M].北京:中华工商联合出版社,2016.

[3] 夏妍娜,赵胜.中国制造 2025:产业互联网开启新工业革命[M].北京:机械工业出版社,2016.

[4] 王喜文.智能制造:中国制造 2025 的主攻方向[M].北京:机械工业出版社,2016.

[5] 杜品圣,顾建党.面向中国制造 2025 的智造观[M].北京:机械工业出版社,2017.

[6] 西门子工业软件公司,西门子中央研究院.工业 4.0 实战:装备制造业数字化之道[M].北京:机械工业出版社,2015.

[7] 周玉清,刘伯莹,周强.ERP 与企业管理:理论、方法、系统[M].2 版.北京:清华大学出版社,2012.

[8] 柯裕根,雷纳尔·戴森罗特.HYDRA 制造执行系统指南——完美的 MES 解决方案[M].沈斌,王家海,等,译.北京:电子工业出版社,2016.

[9] 久次昌彦.PLM 产品生命周期管理[M].王思怡,译.北京:东方出版社,2017.

[10] 吴钇佐.概述电子技术与通信技术的协同进步[J].科学技术创新,2011(12).

[11] 王至尧.学习德国工业 4.0、中国智能制造讲座(连载四)[J].新技术新工艺,2015(12):1-6.

[12] 周济.智能制造——"中国制造 2025"的主攻方向[J].中国机械工程,2015,26(17):2273-2284.

[13] THIESSE F , FLEISCH E , DIERKES M . LotTrack:RFID-based process control in the semiconductor industry[J]. IEEE Pervasive Computing, 2006, 5(1):47-53.

[14] Technologie-Initiative SmartFactory[KL] e. V.. Progress within the network—The industrie 4.0 production plant form SmartFactory[KL][R]. Kaiserslautern,Germany,2017.

[15] Technologie-Initiative SmartFactory[KL] e. V.. SmartFactory[KL] system architecture for industrie 4.0 production plants[R]. Kaiserslautern, Germany, 2016.

[16] 吴建平.传感器原理及应用[M].3 版.北京:机械工业出版社,2016:1-8.

[17] 德州学院,青岛英谷教育科技股份有限公司.智能制造导论[M].西安:西安电子科技大学出版社,2016:63-65.

[18] 中国国家标准化管理委员会.传感器通用术语[S].2005.

[19] 邓朝晖.智能制造技术基础[M].武汉:华中科技大学出版社,2017:181-192.

[20] 陈光军,傅越千.微机原理与接口技术[M].北京:北京大学出版社,2007:4-5.

[21] CARPINELLI J D. Computer systems organization and architecture[M]. Boston, Wesley Longman Publishing Co. , Inc. ,2000:106-107.

[22] 姚锡凡,余淼,陈勇.制造物联的内涵、体系结构和关键技术[J].计算机集成制造系统,

2014,20(1):5-6.

[23] 孙守迁,徐江,曾宪伟,等. 先进人机工程与设计:从人机工程走向人机融合[M].北京:科学出版社,2016.

[24] 周志敏,纪爱华. 触摸式人机界面工程设计与应用[M].北京:中国电力出版社,2013.

[25] 孙明,周晔,杨林权. 人机交互及实验设计[M].北京:科学出版社,2016.

[26] 苏建宁,白兴易. 人机工程设计[M].北京:中国水利水电出版社,2014.

[27] 王广春,赵国群. 快速成型与快速模具制造技术及其应用[M]. 北京:机械工业出版社,2015.

[28] 严桙铭,钟艳如. 基于 VC++和 OpenGL 的 STL 文件读取显示[J].计算机系统应用,2009(3):172-175.

[29] 庄存波,等. 产品数字孪生体的内涵、体系结构及其发展趋势[J].计算机集成制造系统,2017,23(4).

[30] 桂卫华,陈晓方,等. 知识自动化及工业应用[J].中国科学:信息科学,2016,46(8).

[31] 西门子工业软件公司.工业 4.0 实战:装备制造业数字化之道[M].北京:机械工业出版社,2015.

[32] 周玉清,刘伯莹,周强. ERP 与企业管理:理论、方法、系统[M].北京:清华大学出版社,2012.

[33] 卢秉恒,李涤尘.增材制造(3D 打印)技术发展[J].机械制造与自动化,2013,42(4):1-4.

[34] 李涤尘,苏秦. 国内外增材制造的发展现状及趋势[EB/OL]. [2018-12-08]. http://www. qctester. com/News/Details? id=23190&sig=f67bc8.

二维码资源使用说明

　　本书部分课程资源以二维码的形式在书中呈现，读者第一次利用智能手机在微信端扫描书中二维码，扫码成功后会出现微信登录提示，授权后进入注册页面，输入手机号后点击获取验证码，稍等片刻收到 4 位数的验证码短信，在提示位置输入验证码，按照提示即可注册。（若手机已经注册，则在"注册"页面底部选择"已有账号？绑定账号"，进入"账号绑定"页面，直接输入手机号和密码，提示登录成功。）接着按照提示输入学习码，需刮开本书封底学习码的防伪涂层，输入 13 位学习码（正版图书拥有的一次性使用学习码），输入正确后提示绑定成功，可查看二维码数字资源。即可查看二维码数字资源。第一次登录查看资源成功后，以后便可直接在微信端扫码登录，重复查看资源。

教学大纲

应用型本科高校"十四五"规划智能制造类精品教材

ZHINENG ZHIZAO JISHU GAILUN

◎ 策划编辑：张少奇
◎ 责任编辑：罗 雪
◎ 封面设计：原色设计

华中科技大学出版社 机械图书分社

E-mail: hustp_jixie@163.com

华中机械

华中出版

华中科技大学出版社
智能制造技术概论
刮开涂层,获取学习码

ISBN 978-7-5680-8522-9

9 787568 085229 >

定价：39.80元